张家口森林与湿地资源丛书

张家口陆生野生动物

王海东 ■ 主编
安春林　李正国　王秀辉 ■ 执行主编

中国林业出版社

图书在版编目（CIP）数据

张家口陆生野生动物 / 王海东主编. -- 北京：中国林业出版社, 2017.3
（张家口森林与湿地资源丛书）
ISBN 978-7-5038-8156-5

Ⅰ. ①张… Ⅱ. ①王… Ⅲ. ①野生动物－介绍－张家口 Ⅳ. ①Q958.522.23

中国版本图书馆CIP数据核字(2017)第060108号

中国林业出版社·生态保护出版中心
策划编辑：刘家玲
责任编辑：严　丽　刘家玲

出　版　中国林业出版社
（100009 北京西城区德内大街刘海胡同 7 号）
网　址　www.lycb.forestry.gov.cn
发　行　中国林业出版社
电　话　（010）83143519
印　刷　北京卡乐富印刷有限公司
版　次　2017 年 6 月第 1 版
印　次　2017 年 6 月第 1 次
开　本　889mm × 1194mm　1/16
印　张　16
字　数　460 千字
定　价　256.00 元

张家口森林与湿地资源丛书

张家口市林业局　主持

张家口森林与湿地资源丛书编委会

主　任　王海东

副主任　王迎春　高　斌　徐海占

委　员（按姓氏汉语拼音排序）

安春林　成仿云　董素静　高战镖　李泽军　李正国　梁傢林

梁志勇　刘洪涛　卢粉兰　倪海河　石艳琴　王树凯　姚圣忠

《张家口陆生野生动物》编写组

主　　编　王海东

执行主编　安春林　李正国　王秀辉

副 主 编　王树凯　王　君　崔建军

编　　审　吴跃峰　武明录　侯建华

编　　委　王秀辉　王树凯　安春林　李正国　吴跃峰　侯建华

武明录　崔建军

参加人员（按姓氏汉语拼音排序）

安春林　安佳兴　步少立　蔡传剑　曹庆中　陈秀娟　程　鹏

崔建军　丁　山　董进连　方彤琦　高木杰　高战镖　郭建军

郭素莲　韩绚敏　霍对对　江大勇　康福庆　康福庆　郎俊周

李国忠　李正国　刘红霞　刘军辉　刘色音吉雅　马亚军　马永峰

乔远峰　宋爱如　田建芬　王　君　王树凯　王秀辉　王颖生

吴跃峰　武明录　薛晋军　闫　子　杨立民　杨培林　岳燕杰
张海明　张利梅　张　敏　张　琼　张晓晨　张　岩　张泽光
赵　君

摄　　影（按姓氏汉语拼音排序）

安春林　包新康　陈建中　仇基建　崔建军　丁洪安　范怀良
方海涛　付建智　高宏颖　高　建　顾海军　郝明亮　侯建华
李桂绍　李　晟　李晓松　李在军　刘伟石　刘学忠　刘一鸣
刘月良　聂鸿飞　聂延秋　乔振忠　孙　戈　田穗兴　王　成
王尧天　吴跃峰　武明录　武晓东　张颈硕　张　明　张树义
张　岩　张　永　郑　斌　祝芳振　宗　诚

文字编辑　王秀辉　安春林
图片编辑　吴跃峰　安春林　侯建华

FOREWORD 序

张家口位于河北省西北部，地处首都北京上风上水，是西北风沙南侵的主要通道，同时还是北京的重要水源地，官厅水库入库水量的80%、密云水库入库水量的50%来自张家口。特殊的生态区位使得张家口成为京津冀地区重要的生态屏障和水源涵养功能区。

据史料记载，张家口历史上曾经森林茂密、水草丰美，但由于长期过度开垦和经受多次战争，林草植被遭到严重破坏，1949年仅存有林地162万亩（10.8万公顷），森林覆盖率下降到2.9%。新中国成立后，全市广大干部群众坚持造林绿化，整治山河，为改变风大沙多、植被稀少的面貌进行了艰苦卓绝的努力，森林资源逐步恢复。尤其是21世纪以来，全市把生态建设作为实现跨越发展和绿色崛起的重大举措，认真实施“三北”防护林体系建设、退耕还林、京津风沙源治理、京冀水源保护林建设等生态工程，积极创建国家森林城市和全国绿化模范城市，生态建设取得了显著成效。2015年，全市有林地面积达2046万亩（136.4万公顷），森林蓄积量达2490万立方米，森林覆盖率达37%，森林资源资产总价值达7219亿元，每年提供的生态服务价值达312亿元。目前，全市生态防护体系已经基本建成，林草植被快速恢复，水土流失得到有效控制，风沙危害明显减轻，湿地资源得到有效保护，空气质量持续改善。监测结果显示，在全国74个监测城市中，空气质量始终排在前十位左右，在长江以北城市中保持最佳。

为详细记录和准确反映全市丰富的生物资源，更好地推进生态建设和保护工作，张家口市林业局组织编纂了“张家口森林与湿地资源丛书”，含《张家口树木》、《张家口花卉》、《张家口陆生野生动物》、《张家口林果花卉昆虫》。编写组的同志通过深入调查、采集标本和影像、查阅资料、内业整理、研讨修改等工作，历经3年的不懈努力，这套丛书即将付梓，实现了张家口几代务林人的夙愿。丛书共计记载树种约390种，花卉约470种，陆生野生动物417种，林果花卉昆虫约1000种，种类齐全，内容全面，简明扼要，全面展示了张家口市丰富的生物多样性资源，集中体现了多年来全市生态建设和保护工作取得的巨大成就。相信这套丛书的编辑出版，既可以为冀西北及周边地区林业发展、建设京津冀水源涵养功能区提供科学依据，又可以为张家口筹办冬季奥运会、实现绿色崛起和跨越发展做出积极贡献。

张建武

2016年7月

PREFACE 前　言

张家口地区位于河北省西北部，西与山西省大同市接壤，北紧靠内蒙古草原，东以大马群山与承德市毗邻，南以太行山脉与保定市相连。地理坐标为东经 113° 48′ 41″~116° 28′ 18″，北纬 39° 32′ 37″。辖区总面积为 3 679 653.9 公顷。分设 13 县 4 区。

张家口市地处内蒙古—大兴安岭褶皱系和中朝准台地两个一级构造单元。地势西北高东南低，阴山山脉横贯中部，将其分为坝上高原与坝下中低山盆地两个大的地貌类型。坝上高原海拔介于 1100~1600 米之间，坝下中低山盆地海拔介于 800~2882 米之间。境内地形地貌类型丰富多样，不仅有沟壑纵深、连绵起伏的山脉，也有广茂的坝上草原；还有的众多的山涧盆地，更有洋河与桑干河冲积而成的河流阶地。这里植物垂直分布带明显，植被类型众多，不仅有以乔木林、灌丛、灌草丛组成的森林生态系统，也有以草丛、草甸等组成的草原生态系统，还有以众多湿地类型组成的河北坝上湿地生态系统。丰富多样的生态系统、地形地貌的复杂多样以及相对大海拔的高差，为野生动物的生存与繁衍提供了类型多样的生境。

近 10 多年来，为了改善区域生态环境，为京津阻沙源保水源，起到生态屏障的作用，张家口地区先后实施了退耕还林(草)、京津风沙源、封山育林、飞播造林、再造“三个塞罕坝”、自然保护区与野生动植物保护以及环首都绿化等多项工程。

良好的生态环境为野生动物的生存与繁衍提供了丰富多样的生境类型。同时，张家口市地处蒙新区、东北区与华北区交汇处，也使得区域内动物种类繁多。根据河北省第一次野生动植物资源调查，第一、二次河北省湿地资源调查及有关自然保护区、森林公园及湿地公园资源综合考察报告，结合有关资料记载，《张家口陆生野生动物》共收录陆生野生动物417种，隶属于4纲27目88科214属。其中两栖动物1目2科3属4种；爬行动物2目7科10属16种；鸟类18目63科163属349种；兽类6目16科38属48种。

区域内分布的部分野生动物未能收集到特种生态照片，为了保证该书野生动物资源完整性，将其单列书后，此外由于时间仓促，编者水平有限，不足之处敬请各位专家指正。

编著者

2016年6月

CONTENTS 目 录

序

前言

■ 无尾目

中华蟾蜍 / 1

花背蟾蜍 / 1

黑斑侧褶蛙 / 2

中国林蛙 / 2

■ 龟鳖目

中华鳖 / 3

■ 有鳞目

无蹼壁虎 / 3

草原沙蜥 / 4

蓝尾石龙子 / 4

黄纹石龙子 / 5

丽斑麻蜥 / 5

山地麻蜥 / 6

白条锦蛇 / 6

黄脊游蛇 / 7

赤链蛇 / 7

赤峰锦蛇 / 8

红点锦蛇 / 9

黑眉锦蛇 / 9

虎斑颈槽蛇 / 10

中介蝮 / 10

■ 䴙䴘目

小䴙䴘 / 11

角䴙䴘 / 12

凤头䴙䴘 / 12

赤颈䴙䴘 / 13

黑颈䴙䴘 / 13

■ 鹈形目

普通鸬鹚 / 14

卷羽鹈鹕 / 14

■ 鹳形目

苍鹭 / 15

草鹭 / 16

池鹭 / 17

大麻鳽 / 18

绿鹭 / 18

黄嘴白鹭 / 19

大白鹭 / 20

白鹭 / 21

中白鹭 / 21

栗苇鳽 / 22

紫背苇鳽 / 22

黄斑苇鳽 / 23

夜鹭 / 23

东方白鹳 / 24

黑鹳 / 25

白琵鹭 / 26

■ 雁形目

白额雁 / 27

灰雁 / 27

鸿雁 / 28

小白额雁 / 29

豆雁 / 29

斑头雁 / 30

小天鹅 / 30

大天鹅 / 31

疣鼻天鹅 / 32

翘鼻麻鸭 / 33

赤麻鸭 / 34

针尾鸭 / 35

琵嘴鸭 / 35

绿翅鸭 / 36

罗纹鸭 / 36

花脸鸭 / 37

赤颈鸭 / 37

绿头鸭 / 38

斑嘴鸭 / 39

白眉鸭 / 40

赤膀鸭 / 40

鸳鸯 / 41

青头潜鸭 / 41

红头潜鸭 / 42

凤头潜鸭 / 43

鹊鸭 / 43

斑头秋沙鸭 / 44

普通秋沙鸭 / 44

中华秋沙鸭 / 45

■ 隼形目

鹗 / 46

凤头蜂鹰 / 46

黑鸢 / 47
苍鹰 / 47
雀鹰 / 48
赤腹鹰 / 48
松雀鹰 / 49
秃鹫 / 49
金雕 / 50
乌雕 / 50
草原雕 / 51
白肩雕 / 51
灰脸鵟鹰 / 52
普通鵟 / 52
大鵟 / 53
毛脚鵟 / 53
白头鹞 / 54
白尾鹞 / 54
鹊鹞 / 55
白腹鹞 / 56
胡兀鹫 / 56
红脚隼 / 57
黄爪隼 / 57
猎隼 / 58
灰背隼 / 58
矛隼 / 59
游隼 / 59
燕隼 / 60
红隼 / 60
■ 鸡形目
石鸡 / 61
日本鹌鹑 / 62
褐马鸡 / 62
勺鸡 / 63
斑翅山鹑 / 64
环颈雉 / 64
■ 鹤形目
大鸨 / 65
蓑羽鹤 / 66
灰鹤 / 67
白鹤 / 68
白枕鹤 / 69
白骨顶 / 70
董鸡 / 70
黑水鸡 / 71
普通秧鸡 / 71
■ 鸻形目
蛎鹬 / 72
环颈鸻 / 72
金眶鸻 / 73
剑鸻 / 74
铁嘴沙鸻 / 75
蒙古沙鸻 / 76
长嘴剑鸻 / 76
东方鸻 / 77
金斑鸻 / 78
灰鸻 / 79
灰头麦鸡 / 80
凤头麦鸡 / 81
红颈滨鹬 / 82
尖尾滨鹬 / 82
黑腹滨鹬 / 83
红腹滨鹬 / 83
弯嘴滨鹬 / 84
斑胸滨鹬 / 84
长趾滨鹬 / 85
青脚滨鹬 / 85
大滨鹬 / 86
针尾沙锥 / 86
大沙锥 / 87
孤沙锥 / 87
三趾滨鹬 / 88
勺嘴鹬 / 88
灰尾漂鹬 / 89
阔嘴鹬 / 89
斑尾塍鹬 / 90
黑尾塍鹬 / 91
姬鹬 / 92
白腰杓鹬 / 92
小杓鹬 / 93
大杓鹬 / 93
中杓鹬 / 94
流苏鹬 / 94
丘鹬 / 95
白腰草鹬 / 95
鹤鹬 / 96
林鹬 / 96
矶鹬 / 97
青脚鹬 / 97
泽鹬 / 98
红脚鹬 / 98
翘嘴鹬 / 99
黑翅长脚鹬 / 99
反嘴鹬 / 100
普通燕鸻 / 101
银鸥 / 102
海鸥 / 103
北极鸥 / 103
小鸥 / 104
遗鸥 / 105
红嘴鸥 / 106
灰背鸥 / 106
三趾鸥 / 107
须浮鸥 / 107
白翅浮鸥 / 108
黑浮鸥 / 108
鸥嘴噪鸥 / 109
红嘴巨鸥 / 109
黑枕燕鸥 / 110
白额燕鸥 / 110
普通燕鸥 / 111
■ 鸽形目
原鸽 / 111
岩鸽 / 112
火斑鸠 / 112
珠颈斑鸠 / 113
灰斑鸠 / 114
山斑鸠 / 115
■ 沙鸡目
毛腿沙鸡 / 116
■ 鹃形目
大杜鹃 / 117
四声杜鹃 / 117
小杜鹃 / 118
■ 鸮形目
草鸮 / 118
短耳鸮 / 119
长耳鸮 / 119

纵纹腹小鸮 / 120
雕鸮 / 120
花头鸺鹠 / 121
鹰鸮 / 121
领角鸮 / 122
红角鸮 / 122
灰林鸮 / 123
■ 夜鹰目
普通夜鹰 / 123
■ 雨燕目
雨燕 / 124
白腰雨燕 / 124
白喉针尾雨燕 / 125
■ 佛法僧目
普通翠鸟 / 125
冠鱼狗 / 126
蓝翡翠 / 126
三宝鸟 / 127
■ 戴胜目
戴胜 / 127
■ 䴕形目
大斑啄木鸟 / 128
星头啄木鸟 / 128
白背啄木鸟 / 129
蚁䴕 / 129
灰头绿啄木鸟 / 130
■ 雀形目
云雀 / 130
短趾沙百灵 / 131
角百灵 / 131
凤头百灵 / 132
蒙古百灵 / 132
毛脚燕 / 133
金腰燕 / 133
家燕 / 134
崖沙燕 / 135
岩燕 / 135
红喉鹨 / 136
布氏鹨 / 136
北鹨 / 137
树鹨 / 137
田鹨 / 138
水鹨 / 138
白鹡鸰 / 139
灰鹡鸰 / 139
黄头鹡鸰 / 140
黄鹡鸰 / 140
山鹡鸰 / 141
灰山椒鸟 / 141
白头鹎 / 142
太平鸟 / 143
小太平鸟 / 143
牛头伯劳 / 144
红尾伯劳 / 144
灰伯劳 / 145
楔尾伯劳 / 145
虎纹伯劳 / 146
灰椋鸟 / 146
北椋鸟 / 147
黑枕黄鹂 / 147
褐河乌 / 148
鹪鹩 / 148
渡鸦 / 149
小嘴乌鸦 / 149
达乌里寒鸦 / 150
秃鼻乌鸦 / 151
大嘴乌鸦 / 151
寒鸦 / 152
白颈鸦 / 152
灰喜鹊 / 153
松鸦 / 153
星鸦 / 154
喜鹊 / 154
红嘴山鸦 / 155
红嘴蓝鹊 / 155
白腹蓝姬鹟 / 156
鸲姬鹟 / 156
红喉姬鹟 / 157
白眉姬鹟 / 157
灰纹鹟 / 158
北灰鹟 / 158
乌鹟 / 159
寿带 / 159
白腹短翅鸲 / 160
蓝歌鸲 / 160
日本歌鸲 / 161
红喉歌鸲 / 161
红尾歌鸲 / 162
蓝喉歌鸲 / 162
白背矶鸫 / 163
蓝矶鸫 / 163
紫啸鸫 / 164
白顶鵖 / 164
沙鵖 / 165
穗鵖 / 165
北红尾鸲 / 166
红腹红尾鸲 / 167
红尾水鸲 / 167
黑喉石鵖 / 168
红胁蓝尾鸲 / 168
灰背鸫 / 169
宝兴歌鸫 / 169
斑鸫 / 170
白眉鸫 / 170
白腹鸫 / 171
赤颈鸫 / 171
虎斑地鸫 / 172
山噪鹛 / 172
文须雀 / 173
山鹛 / 173
稻田苇莺 / 174
黑眉苇莺 / 174
东方大苇莺 / 175
斑胸短翅莺 / 175
日本树莺 / 176
鳞头树莺 / 176
北蝗莺 / 177
小蝗莺 / 177
苍眉蝗莺 / 178
矛斑蝗莺 / 178
极北柳莺 / 179
冕柳莺 / 179
褐柳莺 / 180
黄眉柳莺 / 180
黄腰柳莺 / 181
巨嘴柳莺 / 182

淡脚柳莺 / 182
暗绿柳莺 / 183
戴菊 / 183
银喉长尾山雀 / 184
煤山雀 / 185
大山雀 / 185
褐头山雀 / 186
沼泽山雀 / 186
黄腹山雀 / 187
普通䴓 / 187
黑头䴓 / 188
红翅旋壁雀 / 188
黑卷尾 / 189
攀雀 / 189
麻雀 / 190
山麻雀 / 190
红胁绣眼鸟 / 191
暗绿绣眼鸟 / 191
旋木雀 / 192
极北朱顶雀 / 192
金翅雀 / 193
黄雀 / 193
白腰朱顶雀 / 194
北朱雀 / 194
普通朱雀 / 195
黑头蜡嘴雀 / 195
锡嘴雀 / 196
黑尾蜡嘴雀 / 196
燕雀 / 197
红交嘴雀 / 197
白翅交嘴雀 / 198
红腹灰雀 / 198
长尾雀 / 199
褐头鹀 / 199
小鹀 / 200
芦鹀 / 200
黄喉鹀 / 201
栗耳鹀 / 202
白头鹀 / 202
栗鹀 / 203
白眉鹀 / 203
黄胸鹀 / 204
黄眉鹀 / 204
灰眉岩鹀 / 205
三道眉草鹀 / 205
栗斑腹鹀 / 206
苇鹀 / 206
田鹀 / 207
灰头鹀 / 207
红颈苇鹀 / 208
■ 食虫目
东北刺猬 / 209
达乌尔猬 / 209
■ 翼手目
马铁菊头蝠 / 210
普通伏翼 / 210
大耳蝠 / 211
东方蝙蝠 / 211
■ 兔形目
草兔 / 212
■ 啮齿目
达乌尔黄鼠 / 212
岩松鼠 / 213
花鼠 / 213
隐纹花松鼠 / 214
复齿鼯鼠 / 214
棕背䶄 / 215
黑线仓鼠 / 215
长尾仓鼠 / 216
大仓鼠 / 216
棕色田鼠 / 217
莫氏田鼠 / 217
草原鼢鼠 / 218
东北鼢鼠 / 218
中华鼢鼠 / 219
黑线姬鼠 / 219
巢鼠 / 220
小家鼠 / 220
褐家鼠 / 221
五趾跳鼠 / 221
■ 偶蹄目
狍 / 222
斑羚 / 222
黄羊 / 223
野猪 / 223
■ 食肉目
狼 / 224
貉 / 224
赤狐 / 225
猪獾 / 225
石貂 / 226
狗獾 / 226
黄鼬 / 227
果子狸 / 227
豹猫 / 228
豹 / 228
■ 在张家口地区有分布未能拍摄到生态照片的物种
双斑锦蛇 / 229
北棕腹杜鹃 / 229
白眉地鸫 / 229
细纹苇莺 / 230
芦莺 / 230
粉红腹岭雀 / 230
喜马拉雅水麝鼩 / 231
小麝鼩 / 231
山蝠 / 232
萨氏伏翼 / 232
普通蝙蝠 / 232
短尾仓鼠 / 233
白鼬 / 233
艾鼬 / 233

参考文献 / 234
中文名称索引 / 235
拉丁学名索引 / 238

张家口陆生野生动物

根据河北省第一次野生动植物资源调查，第一、二次河北省湿地资源调查及有关自然保护区、森林公园及湿地公园资源综合考察报告，结合有关资料记载，《张家口陆生野生动物》共收录陆生野生动物417种，隶属于4纲27目88科214属。其中两栖动物1目2科3属4种；爬行动物2目7科10属16种；鸟类18目63科163属349种；兽类6目16科38属48种。为了普及野生动物知识，增强保护意识，本书在内容编排上参考多部其他省（市）野生动物图鉴的内容设计，列出了每一物种拉丁名、英文名，为增强此书实用性列出了别名。并对每一物种形态描述、生境与习性、分布区域、保护级别进行了描述。为了保证动物区划延续性，依据《中国鸟类名称手册》（杭馥兰、常家传，1997）和《中国动物地理》（张荣祖，1999）对每种动物在分布区系描述基础上列出了动物分布型。

张家口陆生野生动物

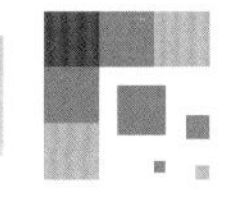

无尾目

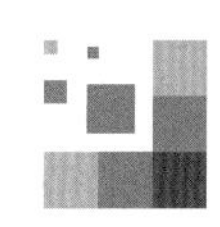

中华蟾蜍 | *Bufo gargarizans* 英文名 European Toad （蟾蜍科 Bufonidae）

别名 大蟾蜍、癞肚子、癞蛤蟆

形态描述 体长78~79mm。皮肤粗糙，背面密布圆形瘰粒，腹面黑斑显著。头宽大于头长，吻端圆而高，吻棱明显；鼻间距小于眼间距，上眼睑宽略小于眼间距；鼓膜明显，小于眼径的一半。头部光滑，上眼睑及头侧有小疣粒；耳后腺大，长椭圆形，有时头后的枕部瘰粒排成两斜行，与耳后腺几乎平行；胫部瘰粒大而显著，体侧的较小；整个腹面布满疣粒。个别标本有不太显著的跗褶。

生境与习性 活动期除产卵季节外，日间常隐居于田间、水域及农舍旁的石下、草丛或土洞内等潮湿、阴凉处；清晨、黄昏及暴雨后常在路旁或草地等处出现。冬季匿居于河道、池塘水底泥土中或潮湿的土洞中，常2只或多只匿居于一个土洞内。出蛰后，在静水坑塘或流动不大的河沟水草间配对产卵。为夜出性动物，主要在夜间捕食。以蝗虫、蚂蚱、蝼蛄、蝽象、金龟子等昆虫为食，有时也食蚯蚓、螺类、蜘蛛、虾及小蛇。

河北省各地均有分布。张家口境内见于各县（区）。

保护级别 三有动物*。

分布类型及区系 季风型，广布种。

花背蟾蜍 | *Bufo raddei* 英文名 Rain Toad （蟾蜍科 Bufonidae）

别名 小癞蛤蟆、小疥蛤蟆

形态描述 体长52~69mm。背面花斑明显，腹面无黑斑。头长小于头宽，吻端圆，吻棱显著；眼间距略大于鼻间距，而略小于上眼睑宽；鼓膜显著，椭圆形。无犁骨齿及颌齿。舌端不分叉。前肢粗短；指细短；指末端黑色或黑棕色；关节下瘤不成对；外掌突大而圆，深棕色，内掌突小而色浅。足比胫长；趾短，趾短黑色或深棕色；趾基部相连成半蹼；关节下瘤小而清晰；内蹠突较大，色深，外蹠突小而色浅。

生境与习性 在活动季节，白天多匿居于田间、水域、农舍附近的草丛、石下或潮湿、阴凉的土洞内，傍晚外出觅食，尤在城郊、村落的路灯下、垃圾堆旁常见；冬季常成群穴居于松软、潮湿的泥土中。每年4月初出蛰。叫声为“呱、呱”，警告声为“咯、咯”。主要以昆虫为食。

河北省各地均有分布，张家口境内见于各县（区）。

保护级别 三有动物。

分布类型及区系 东北—华北型，古北种。

---

*国家保护的有重要生态、科学、社会价值的陆生野生动物，简称“三有动物”。下同。

黑斑侧褶蛙 *Pelophylax nigromaculalus* 英文名 Frog （蛙科 Ranidae）

别名 青蛙、田鸡、蛤蟆、黑斑蛙

形态描述 体长约60~70mm。头长略大于头宽；背面绿色或后端棕色，具有黑斑。雄性有1对颈侧外声囊。背面为黄绿色或深绿色或带灰棕色，上面有不规则的黑斑或全无黑斑.吻端到肛部常有1条窄而色浅的脊线；自吻端沿吻棱到颞褶的黑纹清晰；背侧褶为金黄或浅棕色，四肢背面有黑横纹，腹面鱼白色。液浸标本为青灰色，黑色斑纹明显。

生境与习性 常栖于池塘、水沟、洼淀、稻田或小河内，将身体悬浮在水中，仅头部露出水面，或栖息在水域附近的草丛中。一般10月份入蛰，4月中旬出蛰。取食对象以昆虫为主，还食少量的螺类、虾类及鱼类等。

河北省内各地均有分布。张家口境内见于各县(区)。

保护级别 省级重点保护野生动物

分布类型及区系 季风型，广布种。

中国林蛙 *Rana chensinensis* 英文名 Chinese Brown Frog （蛙科 Ranidae）

别名 哈士蟆、石蛤蟆

形态描述 体长平均不足50mm。两性大小差异不大。皮肤粗糙，背部及体侧有排列不规则的疣粒。体背侧面及四肢上部土灰色，杂有黄色或红色斑点。背侧褶棕红色，四肢背面有显著的黑横纹；体腹面乳白色，散有许多小红斑，大腿腹面尤其明显。雄性前肢略粗壮，第一指有发达的灰色婚垫。两眼间有一黑色横纹；鼓膜处有三角形黑斑。

生境与习性 每年9月底到翌年3～4月份，成群聚集在河水深处的砂砾里或石块下越冬。白天捕食。食性广泛，但以昆虫为主。

分布于坝上高原、北部山地、西部山地。张家口境内各县（区）均可见到。

保护级别 三有动物。

分布类型及区系 东北—华北型，广布种。

龟鳖目

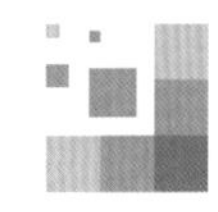

中华鳖 | *Pelodiscus sinensi* 英文名 Soft-shell Turtle （鳖科 Trionychidae）

别名 甲鱼、团鱼、元鱼、王八、水鱼

形态描述 身体被革质皮肤，无角质盾片，吻端具有长的肉质吻突。腹面光滑。前肢5指，内侧3指有爪，后肢亦同。指（趾）间蹼发达。性成熟个体，雌性体较厚，尾较短，不超出裙边，雄性相反。幼体尾长短无明显区别。体背面黄橄榄色、橄榄色或青灰色，腹面黄白色。刚孵出不久的稚鳖腹面呈橘黄色。颚及头侧有青白间杂的虫样饰纹。眼后有一条黑色纵行线纹。

生境与习性 生活在小河流及湖泊中，在水中行动迅速。咽部有绒毛状的突起，可以辅助呼吸。喜出水晒太阳。偏肉食性，以鱼、虾、螺类、蚯蚓等为食。冬眠期11月至次年3月，群栖于泥底。

河北省内各地河流湖泊湿地有分布。张家口境内见于坝下水库及河流等水域中。

保护级别 三有动物。

分布类型及区系 东北型，广布种。

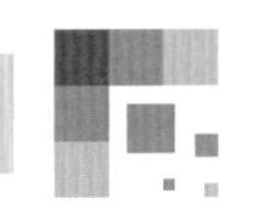

有鳞目

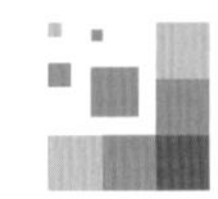

无蹼壁虎 | *Gekko swinhonis* 英文名 Webless Wall Gecko （壁虎科 Gekkonidae）

别名 爬墙虎、守宫、蝎虎、天龙

形态描述 身体背面一般呈灰棕色，其深浅程度与生活环境及个体大小有关。头、颈、躯干、尾及四肢均有深浅色斑。在颈及躯干背面形成6~7条横斑，尾背面形成12~14条横斑。身体腹面淡肉色。头体背面被颗粒状细鳞，吻部颗粒状细鳞扩大，背部交错排列成12~14行，胸腹部鳞片较大，覆瓦状排列。

生境与习性 栖息地广泛。夜晚活动，以小型昆虫等为食，主要是蛾、蚊、蝇、小蜂、蜘蛛、甲虫等。尾脆易断，受刺激时强烈收缩尾肌，自行脱落，可再生。从11月初至翌年3月中旬为冬眠期。4月下旬以后活动旺盛，产卵期为6～7月。每次产卵2枚，卵圆形，白色，壳薄而硬。孵化期约2个月。

河北省内各地均有分布。张家口境内见于坝下各县（区）。

保护级别 省级重点保护野生动物。

分布类型及区系 华北型，广布种。

草原沙蜥 | *Phrymocephalus frontalis* 英文名 Steppe toad-headed Agama （鬣蜥科 Agamidae）

别名 沙和尚

形态描述 头体长 33~60mm，尾长 54~83mm。头宽圆，略呈三角形，吻缘钝，吻棱不显著；身体背腹扁平，尾渐呈鞭状。背部及胸腹部、四肢具棱鳞。身体灰褐色，有明显的宽窄不一的黑色斑纹。眼间部有 2 对横行纹。四肢及尾的背面有黑褐色横斑，尾下有 3 ~ 4 个深色半环尾，末端黑色。有腋斑。腹面色浅。

生境与习性 分布于草原、荒漠草原、黄土高原等环境中，是典型的古北界种类。栖息于沙漠附近长有杂草的沙丘、土壤、疏松的草地、灌从及农田附近。主要以昆虫为食，包括金龟子、瓢虫、蝼蛄、蝉、蚜虫、蚂蚁等。

河北省内分布于坝上地区。张家口境内见于坝上 4 县（区）。

保护级别 三有动物。

分布类型及区系 草原型，古北种。

蓝尾石龙子 | *Eumeces elegans* 英文名 Five-striped Blue-tailed Skink （石龙子科 Scincidae）

别名 四趾蛇、油蛇子

形态描述 头体长 57~83mm，尾长 84~107mm。具上鼻鳞，无后鼻鳞。个体背面棕黑，有 5 条黄纵纹，尾部蓝色。腹面色淡。头侧与体侧具有红色斑点。吻高，吻端钝圆，吻长与眼间距几乎相等。肛部两侧各有一棱鳞。股部后方有一簇不规则排列的大鳞。

生境与习性 栖息于 800~1400m 的山间道旁的草丛、石块下或树林、溪边乱石堆中，食性以昆虫为主。10 月下旬至翌年 4 月初为冬眠期。

见于冀北、冀西山区溪边乱石。张家口境内各县（区）均有分布。

保护级别 省级重点保护野生动物。

分布类型及区系 南中国型，东洋种。

黄纹石龙子 | *Eumeces capito* 英文名 Yellow-striped Skink （石龙子科 Scincidae）

别名 石龙子、北京石龙子

形态描述 头体长56~68mm，尾长94~106mm。体棕褐色，体侧从眼后至尾有深色宽纹，上下各有一蓝灰色窄纹。背中线两侧各有2条黑细线纹。腹面灰褐色，四肢腹面污白。尾背灰蓝色，背侧线和体侧线色浅。吻端钝，吻长稍大于眼间距；鼻鳞小，鼻孔位于鼻鳞之间。颈鳞2对，后颏鳞2对，股后及肛后各有一簇大鳞。

生境与习性 见于山区丘陵，多活动于乱石块与草丛中，以昆虫为食。每次产卵6枚，雌性有护卵行为。

见于河北省山区与丘陵。张家口境内各县（区）均可见到。

保护级别 三有动物。

分布类型及区系 华北型，古北种。

丽斑麻蜥 | *Eremias argus* 英文名 Mongolian Racerunner （蜥蜴科 Lacertidae）

别名 麻蛇子

形态描述 体形圆而略扁。头体长43~58mm，尾长48~78mm。尾长短于头体长的1.5倍。头稍扁，吻鳞圆钝，吻鳞呈五角形。鼓膜裸露。身体颜色在不同环境中有一定差异，背部土黄色，头顶灰棕色。幼体体侧有浅色斑纹，斑纹间有黑浅眼斑，成体纵纹不明显，但眼斑极显著。在体侧前后眼斑连成白链纹，腹面黄白。背及肋具纵行的白眼斑及链状纹。

生境与习性 广泛栖息于各种生境中。以昆虫为食。10月下旬冬眠，一般4月初出蛰。

河北省各地均有分布。张家口境内各县（区）均有分布。

保护级别 三有动物。

分布类型及区系 东北—华北型，古北种。

山地麻蜥 | *Eremias brenchleyi* 英文名 Ordos Racerunner （蜥蜴科 Lacertidae）

别名 华北麻蜥

形态描述 体和尾细长平扁。雄性头体长53~66mm，尾长84~106mm；雌性头体长50~64mm，尾长80~100mm。尾长至少为体长的1.5倍。吻尖长。身体背部灰褐色，体侧有2列具黑边的浅色眼斑或由此连成的纵纹，腹面黄白色。

生境与习性 主要生活于丘陵、山坡地带，栖息于灌丛、杂草、阔叶林中，常与丽斑麻蜥重叠分布。主要以昆虫为食。

河北境内见于丘陵山坡灌丛地带。张家口境内多见于蔚县、阳原、怀安、万全与涿鹿。

保护级别 三有动物。

分布类型及区系 东北—华北型，古北种。

白条锦蛇 | *Elaphe dione* 英文名 Dione Rat-snake （游蛇科 Colubridae）

别名 枕纹锦蛇、黑斑蛇、白带子

形态描述 头体长505~972mm，尾长131~176mm。体背淡灰或棕黄色，具有3条灰白色纵纹。背面及体侧具有不规则镶白边的狭窄黑横斑。头背面具有一粗大暗褐色倒“V”形斑纹。眼后有黑斑，枕部具1对粗大黑纵纹。腹面黄白或灰褐色，缀有黑斑点。背面及体侧的鳞片具有红色小点。

生境与习性 栖息于平原、山区、田野、树林、丘陵等各种环境中，是河北最常见的蛇类之一。生活环境多样，以鼠类、鸟类、鸟卵等为食，耐饿力极强。

河北省各地均有分布。张家口境内见于各县（区）。

保护级别 三有动物。

分布类型及区系 古北型，广布种。

黄脊游蛇

Coluber spinalis
英文名 Yellow Spine Traveler-snake （游蛇科 Colubridae）

别名 黄脊蛇、白脊蛇、白线蛇

形态描述 头体长571~773mm，尾长220~249mm。体形细长，头较长，与颈部区分明显。头背灰褐色，自额鳞中央及顶鳞沟至脊背正中，有1条纵行的约3枚鳞宽的镶黑边的鲜明黄色纵线直达尾末。上唇黄白色，腹面淡黄色。体侧面鳞片边缘色黑，缀成几条深色纵线或点线。

生境与习性 生活于平原、丘陵、山麓或河床等开阔地带、河流附近、旱地或林区，行动极为迅速，性甚驯善，从不主动攻击。昼夜活动，多在白昼活动，主要以鼠类和蜥蜴为食。

河北省各地均有分布。张家口境内见于各县（区）。

保护级别 三有动物。

分布类型及区系 古北型，古北种。

赤链蛇

Dinodon rufozonatum
英文名 Banded Red Snake （游蛇科 Colubridae）

别名 火赤链、桑根蛇、红斑蛇

形态描述 头体长671~830mm，尾长162~194mm。头扁宽与颈分开。吻端圆钝，眼较小，瞳孔直立椭圆形。身体黑褐色具红窄横斑。头背面黑色，鳞缘红色，枕具倒“V”字形红斑。体背面黑褐，躯干具有55~67个红斑，尾部具12~25个红窄横纹。横纹宽1~2枚鳞片，间隔约2~4枚鳞片。红横纹在体侧分叉，体侧为红黑相间斑点状，腹面灰黑色，腹鳞两侧杂以黑褐斑点。

生境与习性 广泛栖息于各种环境。多傍晚活动，性较凶猛，以鱼、蛙类、蜥蜴、蛇、鼠、小鸟等为食。11月中旬至翌年3月中旬冬眠。

河北省各地均有分布。张家口境内见于各县（区）。

保护级别 三有动物。

分布类型及区系 季风型，广布种。

赤峰锦蛇

Elaphe anomala
英文名 Korean Rat-snake （游蛇科 Colubridae）

别名 乌松、黑松、虎尾蛇

形态描述 头体长1360~1730mm，尾长205~260mm。成体头背棕灰或棕褐色，体中段以后棕黑色。自体中段向后直至尾端具有不规则黄横斑，黄斑在侧面多分叉，致使前后黄横斑相连。横斑宽约2~4个鳞片长，两列黄斑间隔约4~6个鳞片长。上下唇鳞黄色，腹面黄色或灰白色。腹鳞两侧具黑斑。

生境与习性 广泛栖息于各种环境中，性温和，一般不主动攻击人类，主要以各种鼠类为食。

河北省各地有分布。张家口境内各县（区）均可见到。

保护级别 省重点保护野生动物。

分布类型及区系 古北型，古北种。

红点锦蛇 | *Elaphe rufodorsata* 英文名 Red-backed Rat-snake （游蛇科 Colubridae）

别名 水蛇、白线蛇

形态描述 头体长550~840mm，尾长85~170mm。身体背面淡红褐色或黄褐色，体背面有4行中心为深棕色的黑斑点，逐渐形成4条黑纵线直达尾末端，黑色纵线之间形成3条浅色纵纹，正中条纹红褐色，两侧为灰褐色；头背部具3道深棕色倒“V”形斑；腹面黄棕色，密缀不规则的黑色小方块。腹鳞外侧与背鳞交界处有不规则黑点。

生境与习性 半水栖性蛇类。生活于近水的草丛中，喜在池沼、河流及稻田附近活动，在平原地区水源附近较常见。以泥鳅、蛙类、软体动物及其他鱼类为食。

河北省各地有分布。张家口境内各县（区）均有分布。

保护级别 三有动物。

分布类型及区系 季风型，广布种。

黑眉锦蛇 | *Elaphe taeniura* 英文名 Striped Racer （游蛇科 Colubridae）

别名 黄颔蛇、家蛇、菜花蛇、秤星蛇

形态描述 头体长1040~1620mm，尾长239~380mm。头背橄榄绿或棕灰色，身体前、中段背面黑色，梯状或蝶状横纹如秤星，至后段逐渐不显著，从中段开始，两侧有明显黑色纵带延伸至尾末端；眼后有明显的黑纹沿至颈部，形状如黑眉；上、下唇及下颔淡黄色；腹面灰黄色或浅灰色，腹鳞及尾下鳞两侧黑色。

生境与习性 体较大，行动迅速，善于攀缘，性较凶猛，受惊后立即竖起头颈部进行攻击。生活于山地、平原及园地等处，常在房屋内及其附近活动，因此有家蛇之称。以鼠类为主要食物，亦食鸟类、蛙类，食量大。

保护级别 省级重点保护野生动物。

河北省分布范围较广，张家口境内各县（区）均有分布。

分布类型及区系 东洋型，东洋种。

虎斑颈槽蛇 | *Rhabdophis tigrinus*

英文名 Tiger Grooved-neck Keel-back （游蛇科 Colubridae）

别名 虎斑游蛇、野鸡脖子、竹竿青

形态描述 头体长315~810mm，尾长90~160mm。体背面翠绿色或草绿色，躯干前端两侧有黑色与橘红色相间排列的斑块。体中后段橘红色斑块逐渐消失，仅剩下黑色斑块。头背绿色，上唇鳞灰白色，鳞沟黑色，眼正下方及眼斜后方各有一粗大黑纹。头腹面白色，躯干及尾腹面黄绿色，腹鳞游离缘绿色较浅，腹鳞基部有黑斑。枕部两侧有一对粗大的“∧”形斑。

生境与习性 栖息于山区、丘陵、平原的近水域地带，主要以蛙类为食，亦捕食鱼、鸟、昆虫等。行动敏捷，受惊扰时身体前端常平扁竖起或做“乙”状弯曲，颈部显示出红、绿、黑交织的鲜艳色斑。

河北省各地有分布。张家口境内各县（区）均有分布。

保护级别 三有动物。

分布类型及区系 季风型，古北种。

中介蝮 | *Gloydius intermedius*

英文名 Pallas' Pit Viper （蝰科 Viperidae）

别名 七寸蛇、土丘子、地扁蛇、哈里斯蝮

形态描述 头体长420~610mm，尾长66~110mm。头窄长且扁，背面具土黄色或灰白色细横纹，左右有时交错排列，眼后“眉纹”上缘镶细白边。背面左右具有30~35对边缘色深、中央色浅的深褐色圆斑，在背中线合并成宽横斑，宽横斑之间由1个鳞宽的灰白色或土黄色细横斑间隔。左右圆斑的位置不一定对称，形成的深、浅横斑形状也不一定整齐。头背面灰黄色，有浅褐色斑。眼后具一条粗大的黑褐色眉纹，上缘镶细白边；上唇鳞黄白色，头腹面灰白色，体腹面灰黑色，体侧第1~2行背鳞与腹鳞间具不规则的黑褐色斑。

生境与习性 栖息于山区、石隙、灌丛中，分布于海拔950~2100m，在平原地区未见其分布。以鼠类、蜥蜴及鸟类等为食。每年10月中、下旬进入冬眠期，第二年4~5月出蛰。

河北省山区均有分布。张家口各县（区）均可见到。

保护级别 三有动物。

分布类型及区系 中亚型，古北种。

䴙䴘目

小䴙䴘

Tachybaptus ruficollis
英文名 Little Grebe
（䴙䴘科 Podicipedidae）

别名 王八鸭子、水葫芦、水驴子

形态描述 体长 250~380mm。喙黑色，虹膜黄色。跗蹠及趾铅灰色。夏羽：头部黑色，喙基具乳黄色白斑；眼先、颏、喉上部黑褐色，喉下部、耳羽和颈侧栗红色，背部黑褐色；翼为黑褐色，初级飞羽先端白色，次级飞羽具灰褐色端斑；前胸灰褐色，下体余部白色，胁和肛周灰褐色；跗蹠后缘鳞片呈三角形阔鳞。冬羽：颏、喉白色，头、颈淡黄褐色；上体灰褐色，体侧淡棕色，下体同夏羽。

生境与习性 多栖息于沼泽、湖泊、江河、池塘等水草较多处，善游泳和潜水，有时在水面仅露出头部，呈鳖状，故称“王八鸭子”。主要以泥鳅、虾等水生动物为食。

夏候鸟。河北省各地均有分布。张家口境内多见于大型水域水草茂盛的坝上湖淖、水库、河流等地方。

保护级别 三有动物。

分布类型及区系 东洋型，广布种。

角䴙䴘 | *Podiceps auritus* 英文名 Horned Grebe （䴙䴘科 Podicipedidae）

别名 王八鸭子、水葫芦、水驴子

形态描述 体长330~482mm。喙蓝灰色，尖端白，虹膜红色。跗蹠及趾银灰色或蓝黑色。夏羽：头和上体黑褐色，眼后具棕黄羽簇，翼基前缘有三角形白斑；前颈、上胸和两胁栗红色，胁具黑横斑，腹部白色。冬羽：头顶、后颈和上体暗灰褐，下体白色。

生境与习性 多栖息于沼泽、溪流、湖泊等生境中，善游泳和潜水。主要以各种小型鱼类、水生昆虫、甲壳类、软体动物、蝌蚪等为食，亦食少量植物种子和水生植物。

夏候鸟。张家口境内见于大型湖淖、河流及水库周围等各种水域。河北省内多见于沿海地区和内陆大型淡水区域。

保护级别 国家II级重点保护野生动物。

分布类型及区系 全北型，古北种。

凤头䴙䴘 | *Podiceps cristatus* 英文名 Great Crested Grebe （䴙䴘科 Podicipedidae）

别名 浪里白、王八鸭子、水驴子

形态描述 体长468~560mm 。上喙黑褐色，两侧肉黄色；下喙淡红色，先端白色。虹膜红色。跗蹠和趾青灰褐色。夏羽：头顶黑褐色，枕的两侧羽毛延长成为羽冠黑褐色，眼先具黑色细纹，其余白色；颊后两侧有红褐色翎领状饰羽；后颈及颈侧棕色；前颈、胸下余体白色；翼下覆羽白色，次级飞羽、外侧肩羽白色，三级飞羽黑色；飞行时，翅后具白色横斑。冬羽：羽色稍暗，下体呈银灰白色，无翎领。

生境与习性 栖息于多水草的池塘、湖泊、江河及沼泽等淡水水域。常成对或小群活动。主要以小鱼、水生昆虫、蜻蜓、禾本科植物及水生植物的嫩芽等为食。

夏候鸟。河北省内见于坝上地区一些多水生植物的湖淖，山区和平原多水草的大型河流、水库，白洋淀、衡水湖等地。张家口境内多见于官厅湖、坝上湖淖及水生植物较多的大型水域。

保护级别 省级重点保护野生动物。

分布类型及区系 古北型，古北种。

赤颈䴙䴘

Podiceps grisegena
英文名 Red-necked Grebe

（䴙䴘科 Podicipedidae）

别名 王八鸭子、水葫芦

形态描述 体长 430~470mm。喙黑，基部黄色。虹膜红色。跗蹠黑色，内侧微缀黄绿色。夏羽：头后枕部具两簇黑色冠羽；喉和头两侧灰白色，前颈、上胸栗红色；后颈及背部灰褐色，下胸、腹及内侧飞羽白色；小覆羽、次级飞羽和三级飞羽白色，体侧有灰白色点状斑或横斑，肩部无白色点斑。冬羽：头部冠羽不显，颈浅灰色，胸和胁部具暗褐色点斑。

生境与习性 栖息于淡水水域，善游泳和潜水，常单只或成对活动。主要以鱼、甲壳类和水生昆虫为食。

旅鸟，多见于沿海和内陆大型河流、湖泊等水域之中。张家口境内主要见于湖泊、坑塘、河流大水域水生植物较多之地。

保护级别 国家 II 级重点保护野生动物。

分布类型及区系 全北型，古北种。

黑颈䴙䴘

Podiceps nigricollis
英文名 Black-necked Grebe

（䴙䴘科 Podicipedidae）

别名 王八鸭子、水葫芦、水驴子

形态描述 体长 250~310mm。喙黑，虹膜红色。跗蹠和趾灰黑色。具羽冠。夏羽：头、颈、羽冠黑色，从眼后经耳直至颈两侧有一簇橙黄饰羽；上体黑褐色，喉及前胸黑色，后胸和上腹银白色，下腹黑色，两胁和胸侧栗。冬羽头无饰羽，颊、喉灰白色，头两侧灰色，颊部至眼后有白色月牙形斑块，前颈淡灰褐色，上体淡灰黑色，胁杂灰黑色。

生境与习性 栖息于多水草的湖泊、江河及沼泽。繁殖期集小群活动；冬季多结群活动。主要以甲壳类、腹足类水生动物及昆虫等为食。

旅鸟。河北省内见于大型水域。张家口境内见于水库及坝上水淖。

保护级别 三有动物。

分布类型及区系 全北型，古北种。

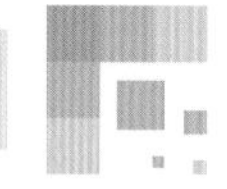

鹈形目

普通鸬鹚

Phalacrocorax carbo
英文名 Common Cormorant （鸬鹚科 Phalacrocoracidae）

别名 鱼鹰、叼鱼郎

形态描述 体长786~923mm。上喙褐色，喙基内侧黄色，跗蹠黑色。虹膜蓝色。夏羽：体羽黑色，头枕部羽毛延长成为羽冠，头和颈杂以白丝羽；眼周、上喉白色，形成白环；肩、背和翼上覆羽铜褐色，羽缘蓝褐色；初级飞羽黑色，次级飞羽和三级飞羽灰褐色；下体黑色，胁部具白斑；翅具青铜棕色金属光泽。冬羽：头上白丝羽、冠羽和白胁斑消失，体色较淡。

生境与习性 栖息于池塘、沼泽、湖泊、滨海等地。善游泳、潜水，常立于水中岩石等处窥探待食，休息时常用硬尾羽支于地面。集群活动。主要以鱼类为食。

旅鸟。河北省内多见于沿海地区大型水库、湖泊及坝上水淖等水域中。张家口境内迁徙季节见于坝上水淖。

保护级别 省级重点保护野生动物。

分布类型及区系 不易归类型，广布种。

卷羽鹈鹕

Pelecanus crispus
英文名 Spotted-billed Pelican （鹈鹕科 Pelecanidae）

形态描述 体长1600~1810mm。喙浅红黄，长直而尖，具蓝斑点。跗蹠和趾暗褐色，虹膜浅褐色。上体灰褐色，下体白。头颈白，具粉红翎领。喉囊暗紫具黑云状斑。肩、背、三级飞羽、中小覆羽淡黄褐色，羽缘白；初级飞羽和初级覆羽黑色。腰、胁、腋及尾下覆羽粉红色，胸和腹白色，胸羽狭长。

生境与习性 见于大型湖泊水域等处。善群集游泳，飞翔能力较强。结群营巢于湖泊及滩涂湿地。以鱼类为食，亦取食甲壳类及小型两栖类动物。

旅鸟。河北省见于东北部沿海地区。衡水湖、定兴县亦有发现。张家口境内仅迁徙季节见于坝上湖淖沼泽湿地。

保护级别 国家II级重点保护野生动物

分布类型及区系 不易归类型，东洋种。

鹳形目

苍鹭 | *Ardea cinerea* 英文名 Grey Heron （鹭科 Ardeidae）

别名　老等、叼鱼倌、青衣

形态描述　体长850~1000mm。喙黄色，虹膜黄色，跗蹠和趾黄色。体羽主要为灰、白色，头顶和颈白色。贯眼纹黑色，头后具有2条辫状黑色冠羽；前颈具2~3道黑纵纹。初级飞羽、次级飞羽和翼角黑色，三级飞羽灰色。下体灰白色，前胸两侧至肛周有紫黑色带斑。跗蹠长于中趾连爪。幼鸟头顶黑褐色，无辫羽，下体白色，具黑色细纵斑。飞行时鼓翅缓慢，颈缩成"Z"字形。

生境与习性　栖息于低山或平原的江河、湖泊、沼泽、海岸浅滩、湖边等处。常单独停立在浅水处活动或捕食。性孤僻。主要以鱼为食，也吃水生昆虫、两栖类和鼠类等，有时还捕食雏鸟。

夏候鸟。见于河北省内各地水域和河流漫滩湿地处。张家口境内见于坝上湖淖、水库边缘、河漫滩地等湿地。

保护级别　省级重点保护野生动物。

分布类型及区系　古北型，广布种。

草鹭 | Ardea purpurea 英文名 Purple Heron （鹭科 Ardeidae）

别名 紫鹭、花窖马

形态描述 体长 800~1000mm。喙褐色，虹膜黄色，跗蹠和趾黄色。体羽栗、棕色，额至枕蓝黑色，枕部有黑色冠羽。颈两侧栗棕色，且具有黑色纵纹。颏、喉白色，胸蓑羽、背蓑羽及覆羽灰色，肩部最长的蓑羽棕色。翼、腰、尾羽灰色，飞羽黑色，其余体羽红褐色。

生境与习性 栖息于田边、沼泽、芦苇地、湖泊及溪流等处。主要以鱼、蛙、甲壳类、稻蝗、飞蝗等昆虫、幼鸟、小型鼠类为食。

夏候鸟。全省均有分布。见于各大型水域和河流漫滩等湿地。张家口境内主要见于永久性河流湿地及水库周围滩地。

保护级别 省级重点保护野生动物。

分布类型及区系 古北型，广布种。

池鹭

Ardeola bacehus
英文名 Chinese Pond Heron （鹭科 Ardeidae）

别名 红毛鹭、花窑子

形态描述 体长450~510mm。喙黄色，先端黑色。虹膜金黄色，跗蹠和趾黄色。夏羽：头、枕冠、颈、胸栗红色；喉、腹白色；肩、背满布蓝黑蓑羽；两翼和尾白色；飞行时，背面反差明显。冬羽和幼鸟：头、颈和胸褐色，与棕黄纵纹相杂；飞行时体白色，背部深褐色。

生境与习性 栖息于沼泽、稻田、池塘等处，亦见于竹林和树上。喜群栖。主要以鱼、虾、蛙、蜻蜓、蝗虫、蟋蟀、蝼蛄等为食。

夏候鸟。见于沿海及内陆大型水域附近。张家口境内多见于洋河、白河、桑干河、壶流河、东洋河及黑河的河漫滩地与水库边缘漫地。

保护级别 省级重点保护野生动物。

分布类型及区系 东洋型，广布种。

大麻鳽

Botaurus stellaris
英文名 Great Bittern （鹭科 Ardeidae）

别名 牛闷儿

形态描述 体长 600~760mm。喙褐黄色，虹膜黄色，趾褐绿。除额、头、枕黑褐色外，全体棕黄色，杂棕褐色、黑褐色斑纹；头侧、颈侧有细横斑；肩、背主要为黑褐色；颏、喉有一条棕褐纵纹；尾上覆羽沾棕灰色，尾羽淡棕色。

生境与习性 栖息于河流、湖泊和沼泽的苇丛或草地上，夜行性。主要以鱼、虾、软体动物、蝌蚪及蚂蚁等昆虫为食。

夏候鸟，见于各类水域湿地。张家口境内见于水库汇水口、河漫滩地、坝上湖淖及沼泽湿地。

保护级别 省级重点保护野生动物。

分布类型及区系 古北型，广布种。

绿鹭

Butorides striatus
英文名 Little Green Heron （鹭科 Ardeidae）

别名 打鱼郎、鹭丝

形态描述 体长 400~470mm。跗蹠暗黄色。虹膜黄色。喙黑，头顶和冠羽黑色，具绿金属光泽。颈和上体灰绿色，背、肩羽青铜绿色，矛状。颏、喉白色杂暗灰色斑点。颈侧、下背和腰灰绿色。胸和两胁灰色。翼下覆羽灰褐色，翼上覆羽、三级飞羽暗绿色，羽缘黄白色。雌鸟喉和下颈污黄，有棕褐色斑点至胸部。

生境与习性 多见于河塘边、山区溪流森林或灌丛，常夜出寻食。主要以鱼为食，亦吃昆虫和软体动物。

夏候鸟。见于河北省沿海地区和中大型河流域附近的林间。张家口境内主要见于河漫滩地与水域附近。

保护级别 省级重点保护野生动物。

分布类型及区系 不易归类型，广布种。

黄嘴白鹭

Egretta eulaphotes
英文名 Chinese Egret
（鹭科 Ardeidae）

别名 白老等

形态描述 体长460~650mm。喙黄色。虹膜黄褐色。通体白色。夏羽：眼先蓝色；具矛状冠羽，背、肩和前颈下部有蓑羽，甚长；胫和跗蹠黑色，趾黄色。冬羽：眼先黄绿色、下喙基部黄色，趾绿褐色；无冠羽，颈、背无饰羽。

生境与习性 栖息于各种湿地。常单独、成对或小群活动，偶见数十只大群。主要以小型鱼类为食，亦食虾、蟹、蝌蚪和水生昆虫等。

旅鸟。省内多见于沿海地区。张家口境内仅迁徙季节见于水库汇水口滩地及坝上水淖。

保护级别 国家II级重点保护野生动物。

分布类型及区系 东北型，广布种。

大白鹭 | *Ardea alba* 英文名 Large Egret （鹭科 Ardeidae）

别名 风标公子、花窖子、白鹭、白老等

形态描述 体长 910~1100mm。喙黑色，眼先裸区蓝绿，虹膜黄色。体羽白色，背、肩着生有 3 列长而直、羽枝呈分散状的蓑羽，延伸到尾端，甚至超过尾长 30~40mm。前颈下部具矛状蓑羽悬垂于胸上。翅长≥ 400mm。跗蹠黑色。

生境与习性 栖息于河川、海滨、沼泽、稻田等处。性机警，多独自觅食，在食物丰富地区常集成小群。以鱼、蛙、甲壳类、水生昆虫等为食。

夏候鸟。见于沿海地区；内陆大型湿地在迁徙季节也可见到。张家口境内见于大型湿地。

保护级别 三有动物。

分布类型及区系 不易归类型，广布种。

白鹭 | *Egretta garzetta* 英文名 Little Egret （鹭科 Ardeidae）

别名 小白鹭

形态描述 体长约450~670mm。喙黑色。体白色，眼先裸区粉红色，虹膜黄色。枕部有2枚长翎辫羽。跗蹠黑色，趾上染有黄色。体背和胸被蓑羽，前胸蓑羽呈矛状。背上蓑羽特长，超出尾部，先端卷曲。繁殖期特征明显。冬羽眼先裸区红色，无蓑羽。

生境与习性 多见于湖泊、沼泽、河岸、滩涂、沿海小溪和稻田，喜群居。常与其他鹭类混群。主要以鱼、虾、昆虫、牙甲科幼虫等小型动物为食。

夏候鸟。见于沿海和内陆河流等浅水处活动。张家口境内见于洋河、潮白河、桑干河漫滩地，大型水库的汇水口处及坝上水淖。

保护级别 省级重点保护野生动物。

分布类型及区系 东洋型，广布种。

中白鹭 | *Egretta intermedia* 英文名 Middle Egret （鹭科 Ardeidae）

别名 春锄

形态描述 体长560~700mm。喙黑色，非繁殖期黄色，端部黑色。虹膜黄色。体羽白色，眼先裸区黄色，枕部饰羽较短。繁殖期背和前颈下有矛状饰羽，呈丝状蓑衣。冬羽无矛状饰羽。跗蹠黑色。

生境与习性 栖息于稻田、沼泽、湖泊、河川，常成小群活动，有时亦和牛背鹭等混群。休息时常栖息于树上缩成“S”形。主要以鱼、虾、蜻蜓、昆虫幼虫、蚱蜢、蝼蛄等为食。

旅鸟。河北省内见于水域的浅水处。张家口境内仅于迁徙季节见于河漫滩地及坝上水淖。

保护级别 省级重点保护野生动物。

分布类型及区系 东洋型，广布种。

栗苇鳽

Ixobrychus cinnamomeus
英文名 Cinnamon Bittern
（鹭科 Ardeidae）

别名 独春鸟、小水骆驼

形态描述 体长330~410mm。喙和虹膜黄色，跗蹠和趾黄绿色。雄性：上体栗色，下体黄褐色，中央有一条褐色纵纹，胸侧有一行黑点斑。雌性：体色较暗，褐色较淡，有灰黄点斑，颈、胸、腹部有数条褐色纵纹。

生境与习性 栖息于稻田、湖泊、沼泽处的芦苇及水草丛中。单独活动。主要以水生动物为食。

夏候鸟。河北省各地均有分布。张家口境内见于水库汇水口滩地及河漫滩地。

保护级别 省级重点保护野生动物。

分布类型及区系 东洋型，广布种。

紫背苇鳽

Ixobrychus eurhythmus
英文名 Schrenck's Bittern
（鹭科 Ardeidae）

别名 水骆驼

形态描述 体长330~360mm。体羽深褐色。喙上黑下黄，虹膜黄色，趾褐绿色，跗蹠绿色。雄性：头顶黑栗色，后颈至腰栗褐色，翼腹羽黄灰色；飞羽灰褐色，下体污黄色；喉至胸有一条前黄后褐的纵纹，胸侧有一行黑点斑。雌性：翼和背杂白点斑。幼鸟：似雌性，但斑点较黄，下体纵纹颜色较重。

生境与习性 栖息于稻田、沼泽、河流岸边草丛和林间湿地。常单独活动。主要以水生动物为食。

夏候鸟。河北省各地均有分布。张家口境内见于水库汇入口滩地及河漫滩地。

保护级别 省级重点保护野生动物。

分布类型及区系 季风型，广布种。

黄斑苇鳽

Ixobrychus sinensis
英文名 Yellow Bittern （鹭科 Ardeidae）

别名 水骆驼、小老等

形态描述 体长300~370mm。喙黄绿色，虹膜黄色。跗蹠黄绿色。冠羽黑色，眼先裸区黄绿色。颈背棕红，颈基具大黑斑，翼覆羽土黄色，飞羽和尾羽黑色，下体淡黄色。喉具黄白色中央纵纹。腹和胸具暗褐纵纹。胸侧羽缘栗红。雌鸟头顶栗褐色。

生境与习性 多见于大型沼泽的芦苇等水生植物丛生处，单独或成对活动。常头颈向上伫立于草丛中，隐蔽性较好，在敌害接近时才突然飞走。也在稻田中活动。主要以各种小鱼、虾、两栖类、水生昆虫等为食。

夏候鸟。多见于沿海湿地及湖泊、河漫滩地水草丛生区域。张家口境内见于官厅水库上游洋河的漫滩地、桑干河流域漫滩地亦有活动，迁徙季节见于境内各类湿地。

保护级别 省级重点保护野生动物。

分布类型及区系 东洋型，广布种。

夜鹭

Nycticorax nycticorax
英文名 Black-crowned Night Heron （鹭科 Ardeidae）

别名 灰洼子

形态描述 体长550~620mm。喙黑色，虹膜红色，跗蹠和趾暗黄色。额、眼先、眉纹、颈白色；头上、肩、背暗褐色，有绿辉色光泽；头后有黑色羽冠和2条白色辫羽(幼鸟无辫羽)。翼和尾灰褐色。下体白色。头、颈侧和下体有淡褐杂白色纵纹；肩、翼覆羽和次级飞羽有白端斑。

生境与习性 栖息于低山农田、湖泊、沼泽和溪流沿岸，营巢于树上。夜行性鸟类。主要以鱼、蛙、软体动物和各种昆虫为食。

夏候鸟。河北省内各地均有分布，多见于沿海滩涂、湖泊、河流等湿地。张家口境内多见于河漫滩地的附近森林。

保护级别 省级重点保护野生动物。

分布类型及区系 不易归类型，广布种。

东方白鹳 | *Ciconia boyciana* 英文名 White Stork （鹳科 Ciconiidae）

别名 老鹳

形态描述 体长1170~1280mm。喙粗壮，长直而尖，红色。虹膜褐色，眼周皮肤褐色。体羽白色，飞羽黑色，次级飞羽外翈和内侧初级飞羽外翈大部银灰色，小翼羽和肩羽局部或全部黑色。跗蹠甚长，红色。

生境与习性 栖息于大型沼泽、水域浅滩。飞行或步行时举步较缓慢，有时在空中翱翔，休息时常以单足站立。主要以各种小鱼为食，亦吃蛙、小型啮齿类、软体类、甲壳类、昆虫及其幼虫等，还食雏鸟及少量植物性食物。

旅鸟。多见于沿海及坝上湖淖、沼泽湿地。张家口境内多于迁徙季节见于大型水域的滩涂及坝上湖淖。

保护级别 三有动物。

分布类型及区系 古北型，古北种。

黑鹳 *Ciconia nigra* 英文名 Black Stork （鹳科 Ciconiidae）

别名 乌鹳

形态描述 体长1000~1200mm。喙、跗蹠甚长，均为红色。虹膜褐色，眼周裸区红色。头、颈、背、翅、尾上覆羽、尾羽黑褐色，并具紫绿色金属光泽；颏、喉至上胸黑褐色，下体余部白色。尾较圆，尾羽12枚。趾红色。

生境与习性 性机警，栖息于河流沿岸、湖泊、沼泽山区、溪流附近、林缘等处。主要以小型鱼类为食，亦食蛙、蜥蜴及软体类、甲壳类、啮齿类等。

夏候鸟。全省均有分布，已发现在河北省北部溪水丰富的山区内有繁殖，窝产2枚卵。张家口境内见于水域外围滩地及河漫地，繁殖于山区距水域较近悬崖处。

保护级别 国家I级重点保护野生动物。

分布类型及区系 古北型，古北种。

白琵鹭

Platalea leucorodia
英文名 White Spoonbill （鹮科 Threskiornithidae）

别名 匙嘴鹭

形态描述 体长760~950mm。喙灰黑色上下扁平，前端扩大成板匙状。眼先与喙基黑斑之间有一条黑线。虹膜红色或黄色，跗蹠和趾黑色。夏羽：白色，枕部具橙黄色丝状冠羽，前颈下部、上胸具橙黄色环形带斑。冬羽：通体白色，无冠羽和带斑。飞行时两趾伸向后，头颈向前伸直呈一直线。

生境与习性 栖息于沼泽、河湖岸边、苇塘等低洼积水处。多单独或成小群活动。部分有夜行性，常与其他鹭类混群一起飞行。主要以小鱼、虾、蟹及水生昆虫、软体类等为食，偶尔吃少量植物性食物。

夏候鸟。见于河北省坝上及沿海地区和境内大型水域如衡水湖。张家口境内主要见于坝上闪电河湿地附近湖淖及沼泽湿地。

保护级别 国家II级重点保护野生动物。

分布类型及区系 不易归类型，广布种。

雁形目

白额雁

Anser albifrons
英文名 White-fronted Goose （鸭科 Anatidae）

形态描述 体长645~850mm。喙粉红色，喙甲近白色，虹膜深褐色，跗蹠和趾橙黄色。额、喙基有白横带，头、后颈暗褐色，颈有细纵纹；背、腰、翼暗灰褐色，羽缘色淡；飞羽黑褐色；头侧、前颈和上胸灰褐色，腹部浅灰有不规则黑斑。

生境与习性 栖息于湖泊、沼泽处。迁徙时常成大群活动。主要以莎草科和禾本科植物嫩叶为食。

旅鸟。见于沿海、坝上及东南平原地区。张家口境内多于迁徙季节见于坝上湖淖及沼泽湿地，偶见于洋河宽阔的河漫地。

保护级别 国家II级重点保护野生动物。

分布类型及区系 全北型，古北种。

灰雁

Anser anser
英文名 Greylag Goose （鸭科 Anatidae）

别名 大雁

形态描述 体长700~880mm。喙粉红色，喙甲白色，虹膜褐色，跗蹠和趾粉红色。头顶和后颈褐色，颈有细斜纵纹；上体灰褐色，羽缘棕色；腰、初级覆羽和小覆羽灰色，胸腹淡灰褐色，胁有暗褐斑；尾褐色，白端斑由中央向两侧渐宽，最外侧2对尾羽白色。

生境与习性 栖息于水生植物丛生的水边或沼泽地，常成对或集小群活动。主要以植物种子、藻类为食，也吃少量虾、软体动物和昆虫。

旅鸟。迁徙季节见于河北省内大型水域及沿海各类湿地。张家口境内见于坝上湖淖、大中型水库及洋河等河漫地水草较多的浅水域。

保护级别 省级重点保护野生动物。

分布类型及区系 古北型，古北种。

鸿雁

Anser cygnoides
英文名 Swan Goose （鸭科 Anatidae）

别名 大雁

形态描述 体长820~900mm。喙黑色，虹膜红褐色，跗蹠和趾橙黄色。喙基有白细环，头顶至后颈茶褐色，与白色前颈分界明显。背、肩、腰及翼上覆羽暗灰褐色，羽缘色淡；后腹白，胁有褐横斑；飞羽和尾羽灰褐色，有白端斑；尾上覆羽白色。

生境与习性 栖息于旷野、沼泽、河滩、湖泊等处，偶见于山区。晚间觅食，迁徙时常集成大群，飞行时常排成“一”字形或“人”字形。主要以水生和陆生植物等为食，也吃少量软体动物。

旅鸟。迁徙季节见于河北省各类湿地。张家口境内多见于河漫滩地、湖淖及水库浅滩地。

保护级别 省级重点保护野生动物。

分布类型及区系 东北型，古北种。

小白额雁

Anser erythropus
英文名 Lesser White-fronted Goose （鸭科 Anatidae）

形态描述 体长443~620mm。喙肉色，喙甲淡白色。虹膜深褐色，跗蹠和趾橘黄色。额部白斑显著，向后伸达两眼间；眼周有黄圈。上体暗褐色，羽缘黄白色；颏、喉灰褐色，前颈、上胸暗褐色；下胸灰褐色，羽端棕白色；腹部白色，有不规则黑横斑。尾羽暗褐色，有白端斑；尾下覆羽白色。

生境与习性 栖息于湖泊、河口、沼泽等处。集群活动。取食于农田及苇茬地，主要以谷子、种子、水草等为食。

旅鸟。迁徙季节见于河北省沿海地区、坝上及各大湖泊水面。迁徙季节张家口境内见于坝上湖淖湿地。

保护级别 省级重点保护野生动物。

分布类型及区系 古北型，古北种。

豆雁

Anser fabalis
英文名 Bean Goose （鸭科 Anatidae）

别名 大雁

形态描述 体长715~1000mm。喙黑色，虹腊暗棕色，跗蹠和趾橙黄色。头至颈暗褐色，颈有细斜纵纹；肩、背、翼灰褐色，羽缘黄白色，腰和下背黑褐色，喉、胸淡棕褐色，胁具灰褐横斑。尾羽黑褐色，具白端斑，尾上、下覆羽白色。

生境与习性 栖息类型广泛。迁徙飞行时成“V”字形排列。早、晚活动觅食，主要以谷类种子、青草、禾苗和植物根茎为食。

旅鸟。迁徙季节见于大型水域附近。张家口境内见于坝上湖淖、河漫滩地及水库等地的汇水处滩地。

保护级别 省级重点保护野生动物。

分布类型及区系 古北型，古北种。

斑头雁

Anser indicus
英文名 Bar-headed Goose （鸭科 Anatidae）

形态描述 体长660~850mm。喙橙黄色，喙尖黑色，虹蟆褐色，跗蹠和趾橙黄色。头和颈侧白色，后颈暗褐色。头顶有两条黑横纹。背灰褐色而略沾棕红，羽缘淡色；腰侧及最长的尾上覆羽白。尾羽灰褐色，先端白色，羽缘棕黄色。颏、喉白色，前颈暗黑，羽缘泥黄，胸灰色。

生境与习性 栖息于湖泊、沼泽。性机警，夜间活动。以水草、藻类、麦苗等为食，偶食昆虫。地面营群巢，巢直径35cm左右；窝卵4~6枚，白色，卵重约140g。

旅鸟。迁徙季节见于河北省沿海地区及大型水域。张家口境内仅于迁徙季节见于坝上湖淖、官厅水库及云州水库的入水口漫滩地。

保护级别 三有动物。

分布类型及区系 高地型，属广布种。

小天鹅

Cygnus columbianus
英文名 Whistling Swan （鸭科 Anatidae）

别名 啸声天鹅

形态描述 体长1130~1420mm。喙黑色，喙基黄斑前缘不达鼻孔下。虹膜褐色。跗蹠和趾黑色。体羽白色。头颈长于躯体，在水中游泳时常垂直向上直伸颈，伸颈飞翔。跗蹠、蹼、爪均为黑色。

生境与习性 栖息于多水生植物的湖泊、池塘、水库等处。集群活动，迁徙时，结群飞行成“V”字形。主要以水生植物的根茎、种子、嫩芽等为食，也吃一些水生昆虫和软体动物。

旅鸟。迁徙季节见于河北省大中型水域。在灵寿、平山的岗南水库及赤城县的云州水库均有发现。张家口境内仅于迁徙季节见于坝上水淖及官厅、云州水库等大型水域。

保护级别 国家II级重点保护野生动物。

分布类型及区系 全北型，古北种。

大天鹅 | *Cygnus cygnus* 英文名 Whooper Swan （鸭科 Anatidae）

别名 天鹅、白天鹅、黄嘴天鹅、咳声天鹅

形态描述 体长1200~1600mm。喙黑色，喙基黄斑较尖，沿喙缘向前延伸至鼻孔下。虹膜褐色。通体白色，仅头带棕黄。头颈长于躯体。跗蹠、蹼、爪均黑色。

生境与习性 常栖息于多蒲草的大型水域中，多成对活动。迁徙时常集群排成“一”字形或“人”字形。以水生植物的叶、茎、种子和根茎为食，兼食少量软体动物和水生昆虫等。

旅鸟。见于河北省大型水域中。张家口境内多于迁徙季节见于官厅水库、云州水库及坝上囫囵淖、黄盖淖、公鸡淖等较大的湖淖。

保护级别 国家II级重点保护野生动物。

分布类型及区系 全北型，古北种。

疣鼻天鹅 *Cygnus olor* 英文名 Mute Swan （鸭科 Anatidae）

别名 哑天鹅

形态描述 体长 1412~1550mm。喙红色，基部黑色疣突与眼先黑斑相连。虹膜褐色，跗蹠和趾黑色。全身白色，头顶和枕部略沾棕色。雌鸟疣突较小。幼鸟额基和眼先裸区黑色，无疣突。

生境与习性 栖息于水生植物丰富的河湾、湖泊等处。游泳时颈部呈现“S”形，两翼常高拱。主要以水生植物的根、茎、叶、果实及小鱼、水生昆虫等为食。

旅鸟。迁徙季节见于河北省沿海地区与大型水域。张家口境内仅迁徙季节见于大型水域与坝上水淖。

保护级别 国家 II 级重点保护野生动物。

分布类型及区系 全北型，古北种。

翘鼻麻鸭

Tadorna tadorna
英文名 Common Shelduck
（鸭科 Anatidae）

形态描述 体长520~630mm。喙红色，雄性有红疣突；虹膜棕褐色，跗蹠和趾粉红。头、颈、肩、飞羽和腹纵斑及尾端黑色，翼镜铜绿色，头闪绿辉，胸部有宽环状锈红带斑，三级飞羽栗红色；下颈及体羽其他部位白色，尾羽白色，尾下覆羽栗褐色。雌鸟喙基围有白色狭环。

生境与习性 栖息于海湾、湖泊处；繁殖于我国北方和东北地区，多在咸水湖泊附近营巢，极少营巢于淡水湖泊岸边；冬季结群活动。主要以水生生物为食。

夏候鸟。见于唐山、沧州沿海地带及坝上高原咸水湖泊等水域中。张家口境内见于坝上湖淖及其他大型水域。

保护级别 三有动物。

分布类型及区系 古北型，古北种。

赤麻鸭

Tadorna ferruginea
英文名 Ruddy Shelduck （鸭科 Anatidae）

别名 黄鸭

形态描述 体长510~680mm。喙黑色，虹膜褐色，跗蹠和趾黑色。体羽黄褐色，翼上下覆羽白色，飞羽和尾羽黑色，翼镜铜绿色。雄鸟头至上颈橙黄色，夏羽颈有黑环；雌鸟头顶近白，颈无黑环。

生境与习性 广栖性种类，山区、小溪、草原有水处及河湖水域、海边、沙滩、靠近绿色的戈壁滩均有其踪迹，飞行时常成直线排列或横排。杂食性，以草为食，也食动物性食物。

旅鸟。迁徙季节性途经河北省各地。在山区大型河流两岸滩涂也可见到成群的赤麻鸭。张家口境内见于坝上湖淖湿地河流漫滩地。

保护级别 三有动物。

分布类型及区系 古北型，广布种。

针尾鸭

Anas acuta
英文名 Pintail Teal（Pintail） （鸭科 Anatidae）

别名 尖尾鸭

形态描述 体长约530~710mm。喙、跗蹠灰黑（雄鸟上喙铅灰）色，虹膜深褐色。雄鸟：头、喉和后颈褐色，前颈至腹白色，颈侧狭白斑上延至枕部；背部杂以淡褐与白相间的波状横斑；肩羽黑，翼镜铜绿色。中央一对尾羽特长，呈针状。雌鸟：上体黑褐杂以棕白“U”形斑，无翼镜，尾亦较短。

生境与习性 栖息于内陆水域和沿海等地，常集群活动。以植物种子为食，繁殖季节多以软体动物和水生昆虫等为食。

旅鸟。河北省内迁徙季节见于大型水域、沼泽及沿海。张家口境内见于坝上湖淖，坝下河流和水库的浅水域。

保护级别 省级重点保护野生动物。

分布类型及区系 全北型，古北种。

琵嘴鸭

Anas clypeata
英文名 Shoveller （鸭科 Anatidae）

形态描述 体长440~510mm。喙大于头，喙端宽似铲状，黑色；跗蹠及趾橘红色，虹膜金黄色。雄鸟：头至上颈闪绿辉，下颈、胸、上背两侧、肩羽及翼下覆羽白色；背暗褐色，羽缘色淡；翼覆羽和长肩羽外翈蓝灰色，大覆羽白端；翼镜绿，具白带斑；胸白，腹与胁部栗红，尾羽侧白。雌鸟：似雄鸟，色稍淡。

生境与习性 喜栖于浅水岸边和缓流沙滩上。以水生动、植物为食；常用铲形的喙挖掘泥沙取食植物根、田螺、小虾和草籽等。

旅鸟。河北省内见于沿海及内陆大型水域的漫滩地。张家口境内迁徙季节见于坝上湖淖沼泽湿地及坝下的主要河流与水库漫滩地。

保护级别 省级重点保护野生动物。

分布类型及区系 全北型，古北种。

绿翅鸭 | *Anas crecca* 英文名 Common Teal （鸭科 Anatidae）

别名 风鸭、石鸭

形态描述 体长300~400mm。喙黑，虹膜淡褐色，跗蹠和趾灰黄色。头颈栗褐色，眼周暗绿有金属光泽后延至后枕；上背、肩与胁灰色，密布蠹状纹；长肩羽外侧黑，内白色，翼镜黑闪绿金属光泽；胸污白杂有黑点斑；尾羽暗灰，侧覆羽黄色。雌鸟褐色，背杂有淡色“V”形斑，具黑色贯眼纹，翼镜同雄鸟。

生境与习性 栖于湖泊、河流、沿海地带，常与其他鸭类混群，飞行时振翅极快。冬季集大群活动。以农作物、水草为食。如水生植物根茎、螺、甲虫和杂草种子等。

旅鸟。见于河北省大型水域和沿海地区的湖泊中。张家口境内在迁徙季节见于坝上湖淖、洋河与桑干河宽阔河面。

保护级别 省级重点保护野生动物。

分布类型及区系 全北型，古北种。

罗纹鸭 | *Anas falcate* 英文名 Falcated Teal （鸭科 Anatidae）

形态描述 体长440~520mm。喙灰黑色，虹膜褐色，跗蹠和趾深灰色。雄鸟：头上暗栗色，头侧、颈侧和冠羽有绿金属光泽；前颈有一黑横斑；背、胁灰白杂有褐细纹，翼镜暗绿色，前后缘白色；三级飞羽延长呈镰刀状，胸前密布褐色鳞状斑；尾下覆羽黑色，两侧有乳黄色斑块。雌鸟：胸前有褐色鳞状斑，翼镜几乎黑色。

生境与习性 多栖息于湖泊、沼泽和河流滩地；清晨和黄昏于附近稻田和湖边浅水处觅食，常与其他鸭类混群。主要以草籽、嫩草为食，也吃一些软体动物等。

旅鸟。河北省内各地均有分布。张家口境内见于坝上湖淖及水库汇口漫滩地。

保护级别 三有动物。

分布类型及区系 东北型，古北种。

花脸鸭 | *Anas formosa* 英文名 Baikal Teal （鸭科 Anatidae）

别名 王鸭、巴鸭、黑眶鸭、眼镜鸭

形态描述 体长380~430mm。喙黑色，虹膜褐色，跗蹠灰褐色。雄鸟：头侧有黄、绿斑环绕杂以白、黑狭带，黑色肩羽狭长，内缘白，外缘棕色；胸侧和尾基各有1条垂直白带斑；翼镜黑，闪铜绿光泽，前缘棕，腈缘前黑后白。雌鸟：上体暗褐色，下体沾棕黄色，胸部散有黑点斑，喙基两侧各有一黄色圆斑。

生境与习性 常栖息于水域、沼泽和农田，也出现于河口和近海岛屿。以水生植物的芽、嫩叶、果实和种子为食，亦吃软体动物、水生昆虫等。

旅鸟。各地均有分布。张家口境内见于坝上湖淖、水库及河流漫滩地。

保护级别 省级重点保护野生动物。

分布类型及区系 东北型，古北种。

赤颈鸭 | *Anas penelope* 英文名 Wigeon （鸭科 Anatidae）

别名 红鸭

形态描述 体长440~480mm。喙铅灰色尖端近黑；虹膜棕褐色；趾灰色。雄鸟：头栗棕杂皮黄色，颈栗棕色，背和两胁灰白杂蠹状褐斑；翼覆羽白，翼镜翠绿镶黑边；上胸灰棕色，腹纯白色；尾侧、尾下覆羽黑色。雌鸟：上体黑褐色，翼上覆羽灰褐色，翼镜灰褐色，上胸棕色，下胸及腹白色。

生境与习性 多栖息于湖泊、沼泽、河流。叫声似“wei-wei”和“wei wo”声。用枯草枝筑成皿形巢，内铺绒羽。卵黄白色，窝卵7~8枚，大小为53mm×38mm。以植物种子为食，亦食昆虫、软体动物等。

旅鸟。迁徙季节见于大型湖泊及河流水域。张家口境内见于坝上湖淖、河流漫滩地及大中型水库。

保护级别 省级重点保护野生动物。

分布类型及区系 全北型，古北种。

绿头鸭 | *Anas platyrhynchos* 英文名 Mallard （鸭科 Anatidae）

别名 大绿头、蒲鸭

形态描述 体长 515~620mm。头颈绿色，有金属光泽，颈基部有白领环；下颈、背及胸浓栗色，腰、腹和胁灰有黑褐细纹，后腰至尾上覆羽黑色，中央两对尾羽向上钩卷；翼镜蓝紫色，前后均有黑窄横带，翼下覆羽白色。雄鸟：喙橄榄黄绿色，跗蹠及趾橘红色，虹膜褐色。雌鸟：喙橙黄色，上喙杂褐斑，有深褐色贯眼纹；体羽灰褐色，有褐鳞状斑。

生境与习性 栖于水草茂盛的湖泊、池塘和沼泽，分布较广，营地面巢，多以蒲草和苇茎叶搭成，迁徙时集群活动。以植物为食，也食少量软体动物和昆虫。

夏候鸟。河北省境内有分布。张家口境内各县（区）均有分布。

保护级别 三有动物。

分布类型及区系 全北型，古北种。

斑嘴鸭

Anas poecilorhyncha
英文名 Spot-billed Duck （鸭科 Anatidae）

别名 野鸭子

形态描述 体长520~640mm。喙长于头，黑色，先端有黄斑，且宽似铲状；跗蹠及趾橘红色，虹膜褐色。头到颈上部闪绿金属光泽，淡褐色，眉纹白具黑褐色贯眼纹。上体灰褐色，羽缘棕白，三级飞羽白色，翼镜蓝绿色，后缘无白带；有紫金属光泽。雄鸟翼镜前缘有白带；雌鸟和幼鸟无白带。

生境与习性 栖息在大型水域中，于沼泽的密草丛下营巢。主要食草籽、藻类、水草，

夏候鸟。河北省各地均有分布。张家口境内坝上湖淖、大型水域及河漫滩地。

保护级别 三有动物。

分布类型及区系 东洋型，广布种。

白眉鸭 Anas querquedlula 英文名 Garganey （鸭科 Anatidae）

别名 野鸭子

形态描述 体长320~480mm。喙、跗蹠及趾黑灰色，虹膜栗红色。雄鸟：头顶、颏黑褐色，颊与颈栗红杂白色细纵纹；白眉纹宽，后延至上颈；肩羽及翅蓝灰色，肩羽呈枝状，轴纹白；背及尾羽褐色，翼上覆羽淡褐，胸棕黄密布鳞状褐斑；腹污白，翼镜绿边缘具白带，胁灰白杂褐色细波纹。雌鸟：仅眼后白眉纹显著，眼下有一白纹，翼镜灰褐有金属光泽。

生境与习性 栖息于湖泊、河流等大型水域，冬季常集结成群，白日栖于水面上，夜间觅食。以水生植物为主。

旅鸟。河北省内见于沿海及内陆的大型水域。张家口境内见于洋河、桑干河及白河的河漫滩地及大中型水库。

保护级别 省级重点保护野生动物。

分布类型及区系 古北型，古北种。

赤膀鸭 Anas strepera 英文名 Gadwall （鸭科 Anatidae）

形态描述 体长490~534mm。体羽灰色，胸杂黑色、白鳞斑；腰、尾上、尾侧、尾下覆羽黑色，展翅时中、小覆羽栗色，翼镜外半黑色，内半白色。雄鸟：喙黑色，趾橙黄色，虹膜暗棕色。雌鸟：喙橙黄色，仅喙峰黑色；翼镜外半灰褐色，中覆羽栗斑较小。

生境与习性 栖息于水草丛生的河流、湖泊及沼泽地带。以水生植物的的根、茎、叶，谷物、浆果及杂草种子为食。

旅鸟。河北省见于各大水域及近水滩涂沼泽地中。张家口境内见于坝上湖淖及河流漫滩地。

保护级别 三有动物。

分布类型及区系 古北型，古北种。

鸳鸯 | *Aix galericulata* 英文名 Mandarin Duck （鸭科 Anatidae）

别名 官鸭、邓木鸟

形态描述 体长390~450mm。喙红色（雌性灰色），跗蹠与趾橙黄色，虹膜褐色。雄鸟：头顶深蓝具有铜红色冠羽；眼周白，白眉纹后延至冠羽；翎领橙红色，背、尾及翼上覆羽暗褐色，胸侧黑栗色夹两条白横带；初级飞羽外翈银灰色，次级飞羽有白端；翼镜绿色，具金属光泽；橙黄色的三级飞羽向上直立成帆羽；胁棕褐色杂细密横斑，后胸至尾下覆羽白色。雌鸟：冠羽灰褐色，较短；具白色贯眼纹，眼周白色；上体褐色，翼无帆羽；下体污白，胸和胁杂有污白轴纹。

生境与习性 栖息于山区多林的溪流、湖泊和沼泽，营巢于树上洞穴。以植物嫩茎叶和种子为食，也食水生动物。

夏候鸟。河北北部山地及坝上高原有繁殖。张家口境内见于多溪流的山区、坝上湖淖及沼泽地带。

保护级别 国家II级重点保护野生动物。

分布类型及区系 季风型，古北种。

青头潜鸭 | *Aythya baeri* 英文名 Baer's Pochard （鸭科 Anatidae）

形态描述 体长420~470mm。喙深灰，先端黑色；跗蹠及趾灰色，虹膜白色。雄鸟：头颈黑色，有绿金属光泽；上体黑褐色，翼上覆羽暗褐色；飞羽白，羽端和外侧飞羽外翈暗褐色；胸暗栗色，腹白色，胁栗褐色，尾下覆羽白色。雌鸟：喙基侧有暗栗色斑；上体暗褐色，下背近黑色，胸和胁部棕褐色；翼与尾似雄鸟。

生境与习性 栖息于开阔的水面和多水生植物的水域中，营地面巢或水面浮巢。以水生动、植物为食。

夏候鸟。河北省各地大型水域中可见到。张家口境内见于坝上湖淖、河流及沼泽湿地。官厅水库、云州水库等大中型水库也可见到。

保护级别 三有动物。

分布类型及区系 东北型，古北种。

红头潜鸭 | *Aythya ferina* 英文名 Common Pochard （鸭科 Anatidae）

别名 野鸭子

形态描述 体长460~485mm。嘴蓝灰色，端部和基部黑色；跗蹠及趾铅灰色，虹膜红色(雌性褐色)。雄鸟：头及颈部栗红色，下颈及胸、腰和尾覆羽黑褐色；背、肩、胁和腹灰色，杂有褐细波状纹；翼覆羽灰褐色，翼尖暗褐色，飞羽较覆羽色淡，翼镜灰色。雌鸟：头、颈和胸污棕褐色，颊与喉棕白色，上背、翼覆羽和初级飞羽灰褐色，腰和尾上覆羽暗褐色。

生境与习性 栖息于有芦苇等水草丰富、隐蔽性较好的水域中，迁徙时集大群活动。主要以水生动植物为食。

旅鸟。见于水草茂密的池塘及湖泊。张家口境内见于大型水域。

保护级别 三有动物。

分布类型及区系 古北型，古北种。

凤头潜鸭

Aythya fuligula
英文名 Tufted Duck
（鸭科 Anatidae）

别名 凤头鸭子

形态描述 体长400~490mm。喙蓝灰色，先端黑色，虹膜金黄色，跗蹠灰色。雄鸟：头颈黑色，有紫色金属光泽；冠羽下垂；背、胸、腰、翼覆羽、尾覆羽黑色；翼镜白色闪绿辉；初级飞羽自外向内由黑变白，外侧次级飞羽羽端黑褐色，内侧次级飞羽和三级飞羽黑褐色；腹和两胁白色。雌鸟：头、颈、上体和胸黑褐色，羽冠短，额基有白斑，腹和胁灰白色，具淡褐横斑。

生境与习性 栖息于河流、湖泊、沼泽、池塘，常集群活动。主要以杂草种子、小型甲壳动物为食。

旅鸟。河北省内各地均有分布多见于大型水域。张家口境内见于洋河、桑干河与壶流河、官厅水库、云州水库、洋河水库等库塘及坝上湖淖。

保护级别 三有动物。

分布类型及区系 古北型，古北种。

鹊鸭

Buephala clangula
英文名 Goldeneye
（鸭科 Anatidae）

别名 喜鹊鸭、白脸鸭

形态描述 体长415~470mm。喙黑（雌鸟先端具黄块斑），跗蹠及趾黄色，虹膜金黄色。雄鸟：头颈上部黑色，具紫蓝色金属光泽；喙基有一白块斑；上体黑色，外侧肩羽黑褐色，杂有白细纹；次级飞羽、中覆羽和大覆羽白色，大覆羽端部黑，飞行时翼外黑，内白；下体白色。雌鸟：头棕褐色，颈部有污白环斑，下颈及胸、胁石板灰色，羽缘白色；上体余部褐色，羽缘较淡；下体白色。

生境与习性 栖于海、湖泊等的深水域中，常结集成群，善潜水取食。营巢树洞。主要以水生动物为食。

旅鸟。迁徙期见于大型水域中。张家口境内主要见于坝上湖淖。

保护级别 省内重点保护野生动物。

分布类型及区系 全北型，古北种。

斑头秋沙鸭 | *Mergus albellus* 英文名 Smew （鸭科 Anatidae）

别名 白秋沙鸭

形态描述 体长361~460mm。喙、趾铅灰色，虹膜褐色。雄性：头白色，眼先连眼下黑，枕侧有一黑纹，左右汇于白冠羽下；颈白，背黑，呈“∧”形黑细纹至胸侧；翼黑，仅中覆羽、大覆羽基部和次级飞羽端白色；肩羽前白后褐，腰至尾灰褐色；下体白，胁杂细横斑。雌性：头上和后颈栗褐色，喉和前颈白色，眼先黑斑似雄性；上体灰褐，下体灰白，翼略似雄性。

生境与习性 栖息于河流、湖泊的深水区，潜水觅食集群，有时与潜鸭混群，性机警。主要以鱼类、甲壳类和昆虫为食。

旅鸟。见于北戴河和坝上湿地水域中。张家口境内见于坝上湖淖以及洋河与桑干河的漫滩地。2003年春季曾见于张北馒头营乡的水淖中。

保护级别 省级重点保护野生动物。

分布类型及区系 古北型，古北种。

普通秋沙鸭 | *Mergus merganser* 英文名 Goosander （鸭科 Anatidae）

别名 秋沙鸭

形态描述 体长540~680mm。喙、跗蹠及趾红色，虹膜暗褐色。似中华秋沙鸭，但羽冠短几乎不显。雄鸟黑绿头与背被白色后颈分开；次级飞羽与次级覆羽间无黑横带斑；尾羽灰色，下体白色。雌鸟：喉白色，头、颈棕褐色，冠羽不显，次级飞羽和大覆羽间黑横带不明显。

生境与习性 喜栖于开阔水面，也在林间溪流活动，善潜水。以天然树洞和洞穴为巢，常与中华秋沙鸭混成小群活动。以鱼、虾、喇蛄等动物为食。

旅鸟。迁徙季节见于河北省沿海、坝上高原及内陆的一些大型水域中。张家口境内多于迁徙季节见于坝上湖淖，洋河及桑干河宽阔的河漫滩地及官厅水库偶有发现。坝上一些水域中偶见繁殖。

保护级别 省级重点保护野生动物。

分布类型及区系 全北型，古北种。

中华秋沙鸭 | *Mergus squamatus* 英文名 Chinese Merganser （鸭科 Anatidae）

别名 鳞肋秋沙鸭

形态描述 体长550~635mm，喙、跗蹠及趾红色，虹膜褐色。雄鸟：头、颈及上体多黑色，头颈具绿金属光泽，冠羽显著；下背至尾上覆羽灰白相间；胸、腹白，胁具细鳞状黑斑；初级飞羽褐色，次级飞羽白色。雌鸟：头、颈棕褐色，有冠羽；喉淡棕色，上体灰褐色，腰有白鳞状斑；前胸灰色，后胸白色，胁有褐色鳞状斑。

生境与习性 栖息于山地森林近河流或沼泽处，常成对或家群活动。缓流深水处觅食，水域边高大乔木树洞营巢或用旧巢。以小鱼、石蛾、喇蛄、甲虫等动物为食。

旅鸟。河北省坝上水域偶有繁殖，迁徙期多集群或混群，见于沿海及坝上水域中。张家口境内迁徙季节见坝上湖淖。

保护级别 国家Ⅰ级重点保护野生动物。

分布类型及区系 东北型，古北种。

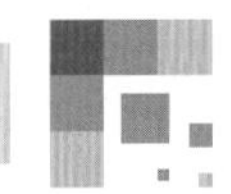

隼形目

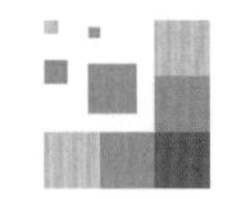

鹗 | *Pandion haliaetus* 英文名 Osprey （鹗科 Pandionidae）

别名 鱼鹰、鱼雕

形态描述 体长505~610mm。喙黑色，蜡膜蓝灰色，虹膜黄色，具黑贯眼纹，跗蹠裸露，趾灰色。雄鸟：头顶和后颈白色，有黑纵纹。枕羽延长成矛状。上体黑褐色杂白斑。耳羽至颈侧有宽黑色纵斑。下体白，喉具褐色纵纹，上胸具棕褐色粗纹。尾褐色呈扇形，杂褐色横斑。雌鸟：头褐色，颏、喉、羽干褐色，胸褐色，横斑较宽，羽缘淡黄或白色。

生境与习性 栖息于水域附近。常停落在岩壁或乔木树枝上。以鱼为食，也捕食蛙和鼠类。

旅鸟。河北省内见于大型水域附近。张家口境内见于官厅水库、云州水库、洋河水库、壶流河水库等库塘周围及坝上水淖。

保护级别 国家II级重点保护野生动物。

分布类型及区系 全北型，古北种。

凤头蜂鹰 | *Pernis ptilorhynchus* 英文名 Honey Buzzard （鹰科 Accipitridae）

别名 蜂鹰、蜜鹰

形态描述 体长590~664mm。分深色型和淡色型两种。喙灰色，蜡膜黄色，虹膜金黄色，跗蹠及趾黄。眼先被短圆鳞状羽，圆尾，灰褐或暗褐色。具3~5条暗色宽带斑及若干灰白波状横纹。头具短羽冠，喉具“W”形黑褐斑纹。颚纹黑，在下喉与喉纹相连。飞羽黑褐色，具灰褐色横斑。飞羽、尾羽腹面有显著的横斑。

生境与习性 栖息于开阔地、林缘、村边、草原和农田，多单独活动。主要捕食蜂类成虫、幼虫，有时也捕食鼠、蛙、蛇。

旅鸟。迁徙季节见于省内各地。张家口境内迁徙季节见于坝上草原、丘陵开阔区与山区林缘。

保护级别 国家II级重点保护野生动物。

分布类型及区系 东洋型，广布种。

黑鸢 | *Milvus migrans* 英文名 Black Kite （鹰科 Accipitridae）

别名 老鹰、鸢、鹞鹰

形态描述 体长483~640mm。喙黑色，蜡膜黄绿色，虹膜棕色，趾黄色。体羽暗褐色。头顶至肩部具黑褐色羽干纹。尾叉状，土褐色，具黑褐色横斑，先端棕白色。耳羽黑褐色。颏、喉和颊部污白色，均具暗褐色羽干纹。下体灰棕色，具褐色轴纹。翅狭长，飞行时，翅下初级飞羽基部可见明显白斑。

生境与习性 栖息于山林、河岸及村镇。以鼠类为主食，还捕食昆虫、蚯蚓及动物尸体。

夏候鸟。河北省均有分布。张家口境内各县（区）森林及湿地均可见到。

保护级别 国家II级重点保护野生动物。

分布类型及区系 古北型，广布种。

苍鹰 | *Accipiter gentilis* 英文名 Goshawk （鹰科 Accipitridae）

别名 黄鹰、兔鹰、鹞鹰

形态描述 体长467~600mm。喙角质灰色，蜡膜黄绿色，虹膜黄或金黄色，趾黄色。第四枚初级飞羽最长，尾长超过翅长一半，跗蹠前面被大形盾鳞。头顶、枕和头侧灰黑色。眼上方具有白色眉纹，杂以黑色羽干纹。上体羽苍灰色。尾羽灰黑色，具4条宽阔黑色横斑，尾羽尖端污灰白色。下体污白色，密布灰黑色横斑。飞行时，双翅宽阔，翅下白色，密布灰黑色横带。肛周至尾下覆羽白色。

生境与习性 栖息于较开阔的森林地带，常见在空中沿直线滑翔。食鼠类、野兔、雉类、鸠鸽类等。

旅鸟。河北全省均有分布。张家口境内各地均有分布。

保护级别 国家II级重点保护野生动物。

分布类型及区系 全北型，古北种。

雀鹰 | *Accipiter nisus* 英文名 Sparrow Hawk （鹰科 Accipitridae）

别名 鹞子、细胸、朵子、摩鹰、雀儿鹰

形态描述 体长315~400mm。喙暗灰色，末端黑色；蜡膜黄色，虹膜金黄色，跗蹠和趾黄色。雄鸟：上体暗青灰色，具明显的白色较细的眉纹，额白；下体白色，具棕红色细横纹。雌鸟：上体青灰沾褐色，下体白色，具褐色横纹。雌雄尾羽均为灰色，具4~5道黑褐色带斑。飞行时翅下白色，密布褐色细横带斑。

生境与习性 栖息于山地疏林地带，在开阔平原的小块树林中也能见到。善捕小型鸟类为食，故名雀鹰。也食鼠类、昆虫。

冬候鸟。河北全省均有分布。张家口境内见于各县区山地与丘陵林缘处。

保护级别 国家II级重点保护野生动物。

分布类型及区系 古北型，古北种。

赤腹鹰 | *Accipiter soloensis* 英文名 Chinese Goshawk （鹰科 Accipitridae）

别名 鹞子、鸽子鹰、红鼻鹞

形态描述 体长265~303mm。喙灰色，端部黑色，蜡膜黄色，虹膜红或褐色，趾橘黄色。翅稍尖而长，第3枚初级飞羽最长；中央尾羽灰褐色，横斑不明显，外侧尾羽具暗色横斑。成鸟上体为暗烟灰色，下体胸、腹和两肋棕红色。

生境与习性 多栖息于山地林缘，常活动在山地和村落之间，常静立高处窥伺猎物。主要食蛙类、蜥蜴、昆虫、小鸟。

旅鸟。数量较小，河北偶见。张家口境内多见于山区林缘。

保护级别 国家II级重点保护野生动物。

分布类型及区系 季风型，东洋种。

松雀鹰 | *Accipiter virgatus*
英文名 Besra Sparrow Hawk （鹰科 Accipitridae）

别名 雀儿鹰、松子鹰、松儿、雀鹞

形态描述 体长300~365mm。喙蓝灰色，端部黑色；蜡膜灰色，虹膜黄色，跗蹠和趾黄色。雄鸟：上体暗青灰色；喉白，中央具1条褐纵纹；有黑髭纹；下体白，胸、腹、胁、覆腿羽有棕色横斑，尾具粗横斑。雌鸟：无眉纹；体型较雄鸟大；上体羽色较淡，有极细白眉纹；胸、腹、胁及覆腿羽有较清晰的棕褐色横斑。

生境与习性 多活动于林缘、村落附近的农田等处，高空飞翔时常频频鼓动双翅后作直线滑翔。主要以小鸟、昆虫、鼠类为食。

夏候鸟。河北全省均有分布。张家口境内各地均有分布。

保护级别 国家II级重点保护野生动物。

分布类型及区系 东洋型，古北种。

秃鹫 | *Aegypius monachus*
英文名 Cinereous Vulture （鹰科 Accipitridae）

别名 狗头鹫、坐山雕

形态描述 体长约1180mm。通体乌褐色。头被以污褐绒羽，颈裸出部分铅蓝色，有淡褐近白色皱领。鼻孔圆形。喙短，黑褐色，从蜡膜前缘开始向下弯曲。蜡膜铅蓝色，虹膜褐色。前颈羽短，羽枝光滑，呈毛状。胸侧具蓬松矛状长羽，胸腹具淡色纵纹。尾楔形，尾羽末端羽轴突出。跗蹠灰色。

生境与习性 栖息于山区、丘陵、草原。常在开阔而裸露的山地和平原上空翱翔，窥视动物尸体。多单独活动，有群食现象。以动物尸体为食，也吃小兽、蛙。

留鸟。多见于河北省内北部坝上高原。张家口境内见于坝上地区。

保护级别 国家II级重点保护野生动物。

分布类型及区系 全北型，古北种。

金雕

Aquila chrysaetos
英文名 Golden Eagle （鹰科 Accipitridae）

别名 洁白雕、老雕、座山雕

形态描述 体长750~900mm。喙黑褐色，基部沾蓝色，蜡膜黄色，虹膜褐色，跗蹠和趾黄色。体羽栗褐色。头顶、枕后及上颈羽毛尖锐，呈金褐色。飞翔时，翼下有一对大型白斑，腰白，明显可见，尾长而圆，两翼呈浅“V”形。下体黑褐色。幼鸟尾羽白色，先端黑褐色。

生境与习性 主要生活在山区，特别喜栖于高山顶的岩石或大树上，捕食时也到草地、林缘、荒坡、灌丛间。捕食野兔、鼠、狐、雉、羊等。

留鸟。河北省内山区均有分布，数量较少。张家口境内各山区均有分布。

保护级别 国家I级重点保护野生动物。

分布类型及区系 全北型，古北种。

乌雕

Aquila clanga
英文名 Greater Spotted Eagle （鹰科 Accipitridae）

别名 小花皂雕、花雕、元雕

形态描述 体长635~725mm。喙暗褐色，蜡膜黄色，虹膜褐色，跗蹠和趾黄色。体羽暗褐近黑色，具紫色光泽。鼻孔近圆形。后颈羽毛尖细。腰黄褐色。两翅和尾黑褐色。尾上覆羽缀以白色或棕白色“U”形斑。幼鸟上体包括两翅表面有显著白斑。

生境与习性 多栖息在湿地附近的树林及草地上。捕食鼠、蛙、鱼、鸟及昆虫。

旅鸟。数量较少，河北省山地均有分布。张家口境内见于坝上草原。

保护级别 国家II级重点保护野生动物。

分布类型及区系 古北型，古北种。

草原雕 | *Aquila nipalensis* 英文名 Steppe Eagle （鹰科 Accipitridae）

别名 大花雕、角鹰、大角雕、大花皂雕

形态描述 体长710~755mm。喙黑色，蜡膜黄色，虹膜浅褐色，跗蹠和趾黄色。上体土褐色。两翼较长，翼展度较宽。翅上大覆羽和次级飞羽具宽阔淡棕羽端，形成翅上两道淡色横斑。翼上覆羽缘淡褐。尾黑褐色，杂以灰褐横斑，尾上覆羽具淡端斑。

生境与习性 多栖息在山丘和开阔的草地，常停落在地面和高树上。食物以啮齿动物为主，也捕食鸟类、兔和爬行动物。

旅鸟。在河北省草原地带常见。张家口境内见于坝上草原。

保护级别 国家II级重点保护野生动物。

分布类型及区系 中亚型，古北种。

白肩雕 | *Aquila heliaca* 英文名 Imperial Eagle （鹰科 Accipitridae）

别名 御雕

形态描述 体长730~787mm。喙黑色，基部蓝色，蜡膜黄色，虹膜浅褐色，跗蹠和趾黄色。成鸟上体黑褐色，具棕白色纵纹，有数枚白色肩羽，呈显著的白块斑。初级飞羽内翈基部白色，次级飞羽端缘黄白。翼覆羽黑褐。胸、腹、胁均为黑褐色。尾羽灰褐色，有7~8条不规则黑色横斑，端斑黑而宽。下体黑褐色。

生境与习性 栖息于山区丘陵地带的阔叶林和混交林中，也有时在平原、沙滩、湿地中活动。食物以鼠类和兔为主，也捕食鸟类和爬行动物。

旅鸟。冀北、冀西山地均有分布。张家口境内见于山区各县。

保护级别 国家I级重点保护野生动物。

分布类型及区系 不易归类型，古北种。

灰脸鵟鹰 | *Butastur indicus*

英文名 Grey-faced Buzzard Eagle （鹰科 Accipitridae）

别名 灰面鹞

形态描述 体长 402~510mm。喙黑色，喙基及蜡膜橙黄色，虹膜黄色，跗蹠和趾黄色。颊灰色，头及上体暗棕褐色，白眉纹宽而明显。喉白，中央有 1 条较宽的黑褐纵纹。胸部淡褐色，具较密的暗色横纹。腹部灰白色，具较疏的棕褐色横带。部分个体呈暗色型，通体黑褐色，无斑纹。

生境与习性 栖息于林缘、平原地区的草原、芦苇、沼泽地。食物以昆虫、蛙、鼠类为主。

留鸟。河北沿海地区及冀北山地山区针叶林有分布。张家口境内见于山地森林及坝上草原。

保护级别 国家 II 级重点保护野生动物。

分布类型及区系 东北型，古北种。

普通鵟 | *Buteo buteo*

英文名 Common Buzzard （鹰科 Accipitridae）

别名 土豹、鸡姆鹞

形态描述 体长 480~530mm。可分为淡色型、棕色型、暗色型 3 种。喙黑褐色，蜡膜黄色，虹膜褐色，跗蹠和趾黄色。鼻孔位置与喙裂平行。尾稍圆灰褐，具 4~5 道不明显的暗褐横斑。髭纹黑褐色。翅下有淡色大形斑。飞行时，两翅宽阔，多为白色，仅飞羽外缘和翼角黑色。翱翔时，两翼略呈“V”形。

生境与习性 多栖息于开阔旷野，常在空中作盘旋飞翔。通常以小型兽类为食，喜食鼠类。

旅鸟。河北全省均有分布。张家口境内各地均可在迁徙季节看到。

保护级别 国家 II 级重点保护野生动物。

分布类型及区系 古北型，古北种。

大鵟

Buteo hemilasius
英文名 Upland Buzzard
（鹰科 Accipitridae）

别名 大豹、花豹、豪豹、白露豹

形态描述 体长 600~800mm。喙角灰色，蜡膜黄绿色，虹膜黄褐色，跗蹠和趾黄色。体色变异较大。上体暗褐色，下体棕黄色，具棕褐色纵纹或横斑。尾部具 3~11 条暗褐横斑。飞翔时，翅下有大型黑斑。

生境与习性 主要栖息于山丘林边或草原，喜停落在高大树木或突出较高的物体上。捕食野鼠、野兔、雉类，也食蛙、蛇、昆虫等。

夏候鸟。河北省内均有分布。张家口境内见于蔚县、涿鹿、赤城、宣化、怀安的山地森林和坝上草原。

保护级别 国家 II 级重点保护野生动物。

分布类型及区系 中亚型，古北种。

毛脚鵟

Buteo lagopus
英文名 Rough-legged Buzzard
（鹰科 Accipitridae）

别名 雪花豹、毛趾鵟、毛足鵟、耗豹、白豹

形态描述 体长 510~660mm。喙黑褐色，喙基与蜡膜淡黄色，虹膜黄褐色，跗蹠和趾黄褐色。头、颈色淡，成体近白色。上体褐色，羽缘白或棕黄色；下体白沾棕色，具褐斑。尾基白，末端有宽阔黑褐色横斑。跗蹠前缘被羽至趾基部，后缘裸出，被网状鳞。飞行时，翅下白色显著，覆羽有黑、白色横带斑。

生境与习性 栖息于山地林区、农田和草原，多单独活动，喜高空翱翔。有时长时间停立电杆与树梢上。以小型啮齿动物和鸟类为食。

旅鸟。河北全省均有分布。张家口境内各地可在迁徙季节看到。

保护级别 国家 II 级重点保护野生动物。

分布类型及区系 古北型，古北种。

白头鹞

Circus aeruginosus
英文名 Marsh Harrier
（鹰科 Accipitridae）

别名 白尾巴根子、泽鹞、泽鵟

形态描述 体长 500~520mm。喙灰色，雄鸟虹膜黄色，雌鸟和幼鸟淡褐色，趾黄色。雄鸟：上体多黑褐色，头颈具白斑，次级飞羽、尾羽银灰色，羽端近白色；下体白色，或有褐色纵纹；飞行时，初级飞羽有黑横带，翅下白色。雌鸟：头、颈与上胸黄白沾棕色，具少量棕褐色纵纹；上体褐色，胸腹茶褐色。尾羽棕褐色。

生境与习性 栖息于河湖岸边、沼泽湿地、苇塘等。捕食鼠、蛙、鱼、昆虫、鸟等。

夏候鸟。河北全省均有分布。张家口境内各类湿地均可见到。

保护级别 国家Ⅱ级重点保护野生动物。

分布类型及区系 不易归类型，古北种。

白尾鹞

Circus cyaneus
英文名 Hen Harrier
（鹰科 Accipitridae）

别名 体长 500~510 mm。喙黑色，基部带蓝色，蜡膜绿黄色，虹膜浅褐色，跗蹠和趾黄色。雄鸟：上体灰色，腹部及两胁、翅下覆羽白色，第 1~6 枚初级飞羽黑褐色，其余初级飞羽及次级飞羽银灰色；滑翔时翼上举成“V”形，尾上覆羽白色。雌鸟：上体暗褐色，下体棕黄褐色，杂以棕褐色纵纹。腿上覆羽和尾上覆羽白色，尾羽具黑褐色横斑。

生境与习性 栖息于沼泽、草原、农田、河谷、海滨及林缘等开阔地带。主要食鼠类、小鸟，也吃蛙类和昆虫。

旅鸟。河北全省均有分布。张家口境内各地均有分布。

保护级别 国家Ⅱ级重点保护野生动物。

分布类型及区系 全北型，古北种。

鹊鹞

Circus melanoeucos
英文名 Pied Harrier
（鹰科 Accipitridae）

别名 喜鹊鹰（鹞）、黑白花鹞

形态描述 体长 340~450mm。喙黑色，蜡膜绿黄色，虹膜黄色，跗蹠和趾橙黄色。雄鸟：体色黑白分明，头颈和喉、胸黑色，腹、胁和翅下覆羽、腿覆羽白色；翅外侧第 1~6 枚初级飞羽黑色，内侧初级飞羽和次级飞羽呈银灰色，翅上中覆羽黑色，其余覆羽呈银灰色。雌鸟：上体褐色，具黑褐色纵纹；头部羽缀以棕白羽缘，尾羽灰褐色，具黑褐横斑；下体污白色，具褐棕色纵纹。

生境与习性 栖息于开阔原野、沼泽地带、芦苇地及稻田，常近地面旋飞捕食。食物有小鸟、鼠、蛙、鱼、昆虫、小型爬行动物等。

夏候鸟。河北全省均有分布，尤以秦皇岛、唐山、沧州多见。张家口境内各地均可见到。

保护级别 国家 II 级重点保护野生动物。

分布类型及区系 东北型，古北种。

白腹鹞 | Circus spilonotus 英文名 Eastern Marsh Harrier （鹰科 Accipitridae）

别名 白尾根

形态描述 体长 50~550mm。喙黑色，蜡膜、虹膜黄色，跗蹠和趾黄色。雄鸟：头顶、后颈黄白色，具栗色羽干纹；背、肩和腰部黄褐色，中央尾羽灰具棕褐色横斑，其余淡黄色，具不规则褐横斑；眼先、耳羽黑褐色；颏、喉淡黄色，具栗褐羽干纹；腹白色，具横斑；两胁具狭窄栗褐色；羽干纹；覆腿羽和尾下覆羽白色，具褐横斑。雌鸟：上体褐具淡褐色纵斑纹，飞羽褐色，两翅棕褐色；下体皮黄色，具棕褐色羽干纹，腹以下茶褐色。

生境与习性 栖息于近水源的芦苇沼泽地和树丛中，常低空盘旋觅食。取食鼠类、蛙类及昆虫。

夏候鸟。河北全省均有分布。张家口境内湿地均可见到。

保护级别 国家Ⅱ级重点保护野生动物。

分布类型及区系 东北型，古北种。

胡兀鹫 | Gypaetus barbatus 英文名 Bearded Vulture （鹰科 Accipitridae）

别名 大胡子鹫

形态描述 体长 1020~1150mm。喙黑褐色，侧扁先端特曲，颏下有一小簇黑羽毛，长如须；上体黑色，有银灰色光泽，羽干白；翼形尖长，翼角甚突出；飞羽银灰色，次级飞羽外缘近黑色，小覆羽有白色小端斑。前颈棕黄色，胸具黑领，下体乳黄色，尾银灰色，呈凸形。跗蹠被羽，趾苍灰色。虹膜淡乳黄色，无蜡膜。

生境与习性 生活在高山地带，性孤独，单独活动。常在山顶或山坡上空缓慢飞行和翱翔，头向下低垂，左右活动，紧盯地面，觅找动物尸体。

留鸟。河北省内见于北部坝上草原。张家口境内见于坝上地区。

保护级别 国家Ⅱ级重点保护野生动物。

分布类型及区系 全北型，广布种。

红脚隼 | *Faclo amurensis* 英文名 Red-legged Falcon （隼科 Falconidae）

别名 青燕子

形态描述 体长255~300mm。喙黄色，先端黑色，蜡膜、跗蹠及趾红色，虹膜暗褐色，爪淡黄色。雄鸟：通体石板灰色，翼下覆羽纯白色，腿和尾下覆羽棕红色，尾灰色无斑。雌鸟：髭纹明显，上体暗灰色，具淡棕灰横斑；下体乳白色，杂黑斑；翼下覆羽白杂黑蠹状斑；腿和尾下覆羽棕黄色，尾羽具9~11道暗灰色横斑。

生境与习性 栖息生境广泛。善于空中悬停，发现食物直下捕捉，常于黄昏捕食。常占据喜鹊巢，也在树上营巢。以昆虫和小型动物为食。

夏候鸟。河北省内见于坝上及冀西冀北山地。张家口境内各地均可见到。

保护级别 国家II级重点保护野生动物。

分布类型及区系 古北型，古北种。

黄爪隼 | *Falco naumanni* 英文名 Lesser Kestrel （隼科 Falconidae）

形态描述 体长290~300mm。喙蓝灰色，先端黑色，蜡膜黄色，跗蹠及趾淡黄色，虹膜黄褐色，爪淡白色。雄鸟：头、颈及翼上覆羽蓝灰色，背、腰和翼羽棕红色，大覆羽和三级飞羽铅灰色，尾羽灰具黑次端斑，端斑黄白色；下体乳白色，杂褐色小纵纹。雌鸟：上体淡棕黄色，有褐点斑，尾羽淡棕色，有数条褐横斑，大覆羽和三级飞羽暗灰色，下体乳白色，杂有小褐斑。

生境与习性 多栖息在山区旷野、疏林、林缘和河谷等地，常于悬崖峭壁结群营巢，空中悬停振翅较快。主要以昆虫为食。

夏候鸟。坝上地区有繁殖。张家口境内迁徙季节见于坝上及山区。

保护级别 国家II级重点保护野生动物。

分布类型及区系 古北型，古北种。

猎隼 | Falco cherrug 英文名 Saker Falcon （隼科 Falconidae）

别名 猎鹰、兔虎、棒子

形态描述 体长420~570mm。喙黄褐色，蜡膜浅黄色，跗蹠及趾淡黄褐色，虹膜淡黄色。头顶褐色，羽缘白色，髭纹不显；上体、翼上覆羽及尾灰褐色，边缘淡棕色。飞羽黑褐色，内翈具白棕色横斑。翼下覆羽褐色，具白点斑，腹部乳黄色，具褐色宽轴纹。下体余部白色，尾具白端斑和8~10对白色横斑，尾下覆羽污白，跗蹠近半被羽。

生境与习性 栖息于山区丘陵荒坡和草原山麓开阔地、河谷、灌草丛地带。在峭壁平台、岩隙或树上营巢。以鼠、兔、鸟、蛇、蛙等小型动物为食。

旅鸟。迁徙季节见于坝上和冀西、冀北山区。张家口各县（区）均有分布。

保护级别 国家Ⅱ级重点保护野生动物。

分布类型及区系 全北型，古北种。

灰背隼 | Falco columbarius 英文名 Merlin （隼科 Falconidae）

形态描述 体长270~300mm。喙灰蓝色，先端黑，基部近黄色。蜡膜、跗蹠及趾黄色，虹膜蓝黑色或暗褐色。雄鸟：上体蓝灰羽轴黑色；棕色领略黑，尾灰蓝色，具灰白色端斑和黑色次端斑；下体棕白色，有棕褐色纵纹。雌鸟：上体褐色杂淡棕横斑；尾羽淡黑，有白端斑和6条淡棕色横斑。

生境与习性 栖息于山区、草原、沼泽等开阔地域中。晚秋常三五成群停于电线杆上，两翼振翅较快，可滑翔，能空中捕食。以小鸟、鼠类和昆虫为食。

旅鸟。河北省迁徙季节见于开阔地区。张家口境内各县(区)均可见到。

保护级别 国家Ⅱ级重点保护野生动物。

分布类型及区系 全北型，古北种。

矛隼 | *Falco rusticolus* 英文名 Gyrfalcon （隼科 Falconidae）

别名 白隼、海东青

形态描述 体长约540mm。虹膜淡褐色，喙铅灰色，蜡膜黄褐色，跗蹠和趾暗黄褐色，爪黑色。有暗色型、灰色型两类。暗色型：头白，头顶具暗纵纹，上体灰褐到暗石板褐色，具白色横斑和点斑，尾羽白色具褐色或石板褐色横斑，飞羽石板褐色，具断裂的白横斑；下体白色，具暗横斑。灰色型：体羽白，背部和翅上具褐色斑点。

生境与习性 栖息于森林和草原，也见于水库和沼泽地。主要以野鸭、海鸥等鸟类为食，也吃中小型哺乳动物。

旅鸟。见于河北省内各地。张家口境内见于坝上草原与山地森林。

保护级别 国家II级重点保护野生动物。

分布类型及区系 全北型，古北种。

游隼 | *Falco peregrinus* 英文名 Peregrine Falcon （隼科 Falconidae）

别名 花梨鹰、鸭虎

形态描述 体长380~500mm。喙铅灰色，蜡膜黄色，虹膜褐色。头、颈黑色，闪蓝辉，具宽黑髭纹。上体余部及次级覆羽灰蓝色，杂黑褐色横斑，羽端白色，轴纹黑色；飞羽黑褐色，内翈杂灰白色横斑。尾蓝灰色，具10余条黑横斑，先端污白，胸、腹、胁有黑纵纹和横斑。跗蹠和趾橙黄色。

生境与习性 栖息环境广泛。常单独活动。主要捕食鸭、鸥、雉等中、小型鸟类，亦捕食鼠类、野兔等小型哺乳类。

旅鸟。见于坝上和沿海地区。张家口境内见于坝上地区。

保护级别 国家II级重点保护野生动物。

分布类型及区系 全北型，古北种。

燕隼

Falco subbuteo
英文名 Hobby(Northern Hobby)　（隼科 Falconidae）

形态描述　体长290~310mm。喙蓝灰色，先端黑色，蜡膜和眼睑暗绿色，跗蹠及趾黄色，跗蹠上部有少量羽毛，虹膜褐色。两性同色。头、颈黑色具蓝金属光泽；上体蓝灰色，杂黑色横斑，羽端白色，轴纹黑色，飞羽黑褐色，内翈杂灰白色横斑和羽端斑，颊、耳羽和髭纹黑色，喉、颈侧乳白色，下体乳白色（雌性棕黄色），具褐纵纹和小横斑。跗蹠覆羽，腿和尾下覆羽锈红色。

生境与习性　栖于开阔的疏林地带(栖止时翼端超过尾端)，多占鸦、鹊和鹰旧巢。以小鸟和昆虫为食，空中捕食。

旅鸟。迁徙季节见于山区林地。张家口境内见于山区县。

保护级别　国家Ⅱ级重点保护野生动物。

分布类型及区系　古北型，古北种。

红隼

Faclo tinnunculus
英文名 Kestrel（Common Kestrel）　（隼科 Falconidae）

别名　茶隼

形态描述　体长310~360mm。喙基蓝灰褐色，先端灰色，蜡膜黄色，跗蹠及趾深黄色，爪黑色，虹膜暗褐色。上体棕红色，杂有三角形黑褐点斑。雄性：头、颈蓝灰色（雌鸟棕红），有暗褐色髭纹；腰至尾羽灰色，尾浅灰具黑色次端斑，端斑白；下体乳白杂有褐色矗状斑，飞羽黑褐色；飞行时，翼下有黑色细横带斑。

生境与习性　多栖息于疏林、灌丛、农田旷野和林缘地带，常低空飞翔，频频振翅并盘旋进行捕食，发现猎物快速俯冲捕获。在树上或岩隙营巢，有时也强占鹊巢。以昆虫、鼠类、小鸟和蜥蜴等为食。

旅鸟。河北省境内均有分布。张家口境内各地均可见到。

保护级别　国家Ⅱ级重点保护野生动物。

分布类型及区系　不易归类型，古北种。

鸡形目

石鸡 | *Alectoris chukar* 英文名 Chukor Partridge （雉科 Phasianidae）

别名 嘎嘎鸡

形态描述 体长270~380mm。喙、眼周裸皮红色，虹膜褐色，跗蹠和趾红色。上背棕褐色，下背至尾上覆羽灰橄榄色，头侧和喉有封闭的黑领圈，胸部灰色；下体余部棕黄色，两胁具黑色、栗色横斑。

生境与习性 栖息于低山和丘陵的岩坡和沙坡上，不到林间活动，有时会到接近林缘的农田活动，常集群活动，发出“gaga”或“gaga-la”的叫声。主要以草本植物和灌木的嫩芽、嫩叶、浆果、种子、苔藓、地衣和昆虫为食，也常到附近农田取食谷物、昆虫等。

留鸟。见于河北省山区。张家口境内各县（区）均有分布。

保护级别 三有动物。

分布类型及区系 中亚型，古北种。

日本鹌鹑 | *Coturnix japonica* 英文名 Common Quail （雉科 Phasianidae）

形态描述 体长150~200mm。尾短滚圆。体羽褐色，具明显的草黄矛状条纹及不规则斑纹。虹膜红褐色，喙栗褐色，趾淡黄色。雄鸟：夏羽上体杂白轴纹、黑横斑和污白横斑，头有污白中央冠纹和眉纹，颈锈红色杂白轴纹，下背至尾上覆羽黑褐色加深，颊喉锈褐色，下体棕黄杂白轴纹，胁具栗纵纹，翼棕褐杂棕黄横斑；冬羽喉、颈、颊绣色变淡。雌鸟：胸具黑点。

生境与习性 低山疏林、草地及农田都可见到。多单独短距离飞行，月夜下结群迁徙。以草籽、豆类、谷粒和浆果等为食，亦食昆虫。

夏候鸟。各地均可见到。张家口境内各县(区)均有分布。

保护级别 三有动物。

分布类型及区系 不易归类型，古北种。

褐马鸡 | *Crossptilon mantchuricum* 英文名 Brown Eared Pheasant （雉科 Phasianidae）

别名 角鸡、褐鸡、耳鸡、鸡鶡、黑雉、黑鸡

形态描述 体长830~1074mm。喙粉红色，虹膜橘黄色，跗蹠和趾红色。体羽大都浓褐色，头、颈灰黑色具白耳羽簇，呈短角状。眼周裸皮红色。腰及尾羽基部白色。尾羽较长且翘起，末端转黑，羽枝披散下垂，状如马尾。雌雄同色，雄性跗蹠具距。

生境与习性 多栖息于丘陵、多草灌丛或乔木林地带，夜宿树冠上部，多集群活动。食性较杂，以植物为主，繁殖季节亦食昆虫。

留鸟。分布于小五台山区和涞源、涞水县的金莲山区。张家口境内分布于小五台山、茶山、涿鹿东、西灵山及赵家蓬区的山地。

保护级别 国家Ⅰ级重点保护野生动物。

分布类型及区系 局地型，古北种。

勺鸡

Pucrasia macrolopha
英文名 Koklas Pheasant （雉科 Phasianidae）

别名 刁鸡、角鸡、柳叶鸡、松鸡

形态描述 体长462~527mm。喙黑色，虹膜褐色，跗蹠和趾紫灰色。雄鸟：头黑绿色，具棕褐色和黑色枕冠，在枕冠左右、耳羽后方各具1束黑羽簇，发情时能立起；颈侧有大型白斑；体羽矛状，灰褐色，具许多“V”形黑纹，纹中间有白色羽干；尾上覆羽较长，尾羽近灰色具黑斑纹；下体中央至下腹深栗色。雌鸟：体羽以棕褐色为主，下体无栗色，背羽有“V”形黑纹。

生境与习性 栖息于海拔700m的阔叶林和针阔混交林内的灌木、杂草丛生地带。食物以植物为主。

留鸟。河北省内分布于全省山区。张家口境内各县（区）均有分布。

保护级别 国家Ⅱ级重点保护野生动物。

分布类型及区系 不易归类型，广布种。

斑翅山鹑

Perdix dauuricae
英文名 Daurian Partridge （雉科 Phasianidae）

别名 沙半鸡、半雉

形态描述 体长250~310mm。喙暗铅色，跗蹠及趾肉灰色，虹膜棕色。雄鸟：头灰褐略带黄杂白轴纹，额、头侧、喉和胸棕黄色，颈与胸侧灰色，上背至尾上覆羽、肩羽和翼上覆羽灰黄色，有栗色蠹状斑和小横斑；肩羽、翼覆羽具白轴纹；下体淡棕色，前腹具马蹄形黑块斑；胁具10余条栗色粗横斑，外侧尾羽锈红色。雌鸟：腹前黑斑小或无。

生境与习性 喜栖于低山丘陵灌丛和草丛中活动，善于奔走，受惊多俯伏地面不动，当有危险时才突然向下滑翔，常集小群活动。以植物种子及嫩芽为食。

留鸟。河北省见于山区和丘陵地区。张家口境内各县（区）均有分布。

保护级别 三有动物。

分布类型及区系 中亚型，广布种。

环颈雉

Phasianus colchicus
英文名 Common Pheasant （雉科 Phasianidae）

别名 雉鸡、野鸡、山鸡

形态描述 体长726~868mm。喙灰色，虹膜黄色，跗蹠和趾略灰。雄鸟：眼周裸皮鲜红，眉纹白，枕侧有1对闪绿辉的羽簇；颈绿色有白环；上背、胸侧和胁棕黄杂黑斑，下背和腰多灰蓝，羽缘毛发状披散；尾长，具黑、栗色横斑，中央尾羽较外侧尾羽长；胸橙棕色闪金辉，腹部黑色；跗蹠后缘有距。雌鸟：羽毛暗淡，多为褐色和棕色黄杂黑斑，尾较短。

生境与习性 广栖性种类。丘陵、农田、沼泽、草地和林缘等各类生境。以植物的嫩叶、浆果、谷类、豆类、昆虫等为食。

留鸟。河北省各地均有分布。张家口境内各县（区）均有分布。

保护级别 三有动物。

分布类型及区系 不易归类型，古北种。

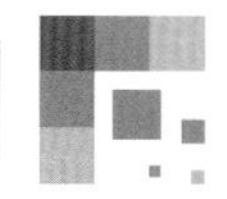

鹤形目

大鸨 | *Otis tarda* 英文名 Great Bustard （鸨科 Otididae）

别名 地鹔、老鸨、鸡鹔

形态描述 体长 750~1000mm。喙铅灰色，先端稍黑；虹膜暗褐色，跗蹠和趾黄褐色。颈长而粗。雄鸟：头、颈淡灰色；上体具棕黑色横斑；大覆羽白色，中小覆羽灰色，端斑白；三级飞羽白色，余飞羽黑褐色，羽基白色；喉白色，两侧具胡须状硬羽；后颈基部至胸侧有棕栗色横带，形成半领圈状；腹、胁、尾下覆羽白色。繁殖期雄鸟颈前有白色丝状羽，颈侧丝状羽棕色。雌鸟：体较小，无须状硬羽。

生境与习性 栖息于草原、荒漠及开阔的农田，善奔跑。以禾本科、豆类、草类等为食。

留鸟。河北省内坝上湿地有繁殖，冬季常见南部平原区。张家口境内夏季见于囫囵淖附近。迁徙季节小五台山前坡地可见到。

保护级别 国家I级重点保护野生动物。

分布类型及区系 不易归类型，古北种。

蓑羽鹤 | *Anthropides vigor* 英文名 Demoiselle Crane （鹤科 Gruidae）

别名 闺秀鹤

形态描述 体长680~960mm。喙黄绿色，尖端橙红色，虹膜红色，跗蹠和趾黑灰色。眼先、头侧、喉、前颈、上胸蓑羽黑色；头顶淡珠灰色；耳羽簇白色，垂于头侧；飞羽端部灰黑色，三级飞羽甚长，垂近地面；其余羽毛蓝灰色。飞行时呈“V”字形编队，颈伸直。

生境与习性 栖息于干旱草原、草甸、湖泊和沼泽、草塘等地。主要以鱼、蝌蚪、虾、水生昆虫及植物茎、叶、嫩芽、草籽等为食。

旅鸟。迁徙季节见于河北省内各类大型湿地。仅在张家口坝上为夏候鸟。张家口境内迁徙季节见于坝上湖淖；夏季于尚义二工地、沽源闪电河有繁殖。

保护级别 国家II级重点保护野生动物。

分布类型及区系 中亚型，古北种。

灰鹤 | *Grus grus* 英文名 Common Crane （鹤科 Gruidae）

别名 千岁鹤、玄鹤

形态描述 体长1050~1100mm。喙长，青灰色，先端乳黄色；跗蹠长，跗蹠与趾灰黑色，虹膜赤褐或黄褐色。通体灰色，头顶裸处朱红色，有稀疏的黑色须羽；颊至颈侧灰白色，喉、前颈及后颈灰黑色；初级飞羽与次级飞羽黑色，三级飞羽端部略黑，延长呈弓状弯曲；尾羽灰色，端部黑褐色。

生境与习性 栖于沼泽、草原、沙滩以及近水丘陵，休息时常单腿站立，头弯曲伸入背羽中。在地面营不规则盘状巢，两性筑巢，以草梗和叶构成。以水草、软体动物、昆虫、鱼、虾和两栖类为食，有时捕食鼠和蛇。

旅鸟。河北省内见于沿海及内陆大型湿地。张家口境内迁徙季节多见坝上湖淖。

保护级别 国家II级重点保护野生动物。

分布类型及区系 古北型，古北种。

白鹤

Grus leucogeranus
英文名 White Crane
（鹤科 Gruidae）

别名 西伯利亚鹤

形态描述 体长1300~1400mm。喙暗红色，虹膜黄色，跗蹠和趾粉红色。脸和前额裸出部鲜红色。除初级飞羽和小翼羽黑色外，通体白色，飞翔时除翼尖黑色外，全身白色。

生境与习性 栖息于芦苇、沼泽湿地，典型的沼泽湿地鸟，几乎整日生活在沼泽中。主要以水生植物根、茎、嫩芽为食，亦取食蛙、螺、鱼等。

旅鸟。迁徙季节见于河北省坝上及沿海湿地。张家口境内见于坝上湿地。

保护级别 国家Ⅰ级重点保护野生动物。

分布类型及区系 古北型，古北种。

白枕鹤 | *Grus vipio* 英文名 White-naped Crane （鹤科 Gruidae）

别名 红面鹤、红脸鹤

形态描述 体长1200~1500mm。喙黄绿色，先端稍淡；虹膜黄色，跗蹠和趾深红色。体羽蓝灰色，额连颊裸出部赤红色，边缘及斑纹黑色；耳羽灰色；喉、前颈上部、枕与后颈白色；枕、胸及颈前灰色延至颈侧成狭窄尖线条。初级飞羽黑色，次级飞羽灰色，三级飞羽白色；前颈、颈侧及下体暗灰色。

生境与习性 栖息于荒地、湿地、海湾等处，苇塘、沼泽湿地较为常见。主要以小鱼、虾、蝌蚪、蝗虫、水生昆虫及植物种子、草根、谷物等为食。

旅鸟。见于河北省坝上及东部沿海。张家口境内见于坝上湖淖。

保护级别 国家II级重点保护野生动物。

分布类型及区系 东北型，古北种。

白骨顶 | *Fulica atra* 英文名 Common Coot （秧鸡科 Rallidae）

别名 骨顶鸡

形态描述 体长400~430mm。喙和额甲白色，跗蹠及趾暗绿色，趾侧有瓣蹼，虹膜红褐色。通体石板黑色，头顶有黑色金属光泽；飞羽黑褐色，次级飞羽端白；下体灰褐色，胸、腹中央羽毛色淡。

生境与习性 栖于河流、苇塘、稻田或近水灌草丛中。结群活动，开阔水域中取食，善潜水，游泳时尾偏下头前后摆动。在水生植物和灌丛中营巢。主要以水草、昆虫、蠕虫和软体动物等为食。

夏候鸟。见于河北省内大型水域中。张家口境内见于官厅、云州、洋河、壶流河水库等库塘、河流及坝上湖淖。

保护级别 三有动物。

分布类型及区系 不易归类型，古北种。

董鸡 | *Gallicrex cinerea* 英文名 Water Cock （秧鸡科 Rallidae）

别名 凫翁、鱼冻鸟

形态描述 体长360~400mm。雄性：夏羽喙黄沾绿，上喙基与额甲橙红色；趾橙红色；头顶灰黑杂淡棕色，上体余部暗褐色，向后羽缘由灰白变棕黄色，飞羽褐色，翼外狭缘白色，翼上覆羽和次级飞羽羽缘淡棕色；下体灰黑色，横斑灰白色。冬羽似雌性，额甲黄褐色。雌性：额甲不明显，喙黄褐色，趾暗绿色，上体橄榄褐色，羽缘棕黄色，翅黄褐色；下体土黄色。

生境与习性 栖于苇塘、稻田等湿地处，昼伏，黄昏到空旷处活动。步行时头前后摆动，偶尔攀树。数量较少，活动较为隐蔽。以昆虫、虾、螺、植物叶芽、种子等为食。

夏候鸟。见于河北省内沿海与内陆湿地。张家口境内见于大型水域及坝上湖淖。

保护级别 三有动物。

分布类型及区系 东洋型，广布种。

黑水鸡 | Gallinula chloropus 英文名 Moorhen （秧鸡科 Rallidae）

别名 红骨顶

形态描述 体长300~350mm。喙鲜红色，先端黄色；额甲红色，虹膜红色。通体黑褐色，两肋具宽白纵纹；尾下覆羽两侧白色，中央尾羽黑色；裸胫红色；跗蹠前缘黄绿色，后缘灰绿色；趾灰绿色，具侧膜缘。

生境与习性 栖息于芦苇沼泽、苇塘、稻田或近水灌丛地带。主要以水生植物嫩叶、幼芽、根、茎等植物性食物为食，亦取食水生昆虫及其幼虫、蠕虫、蜘蛛、软体动物等。

夏候鸟。见于河北省内白洋淀、衡水湖等大型水域中。张家口境内见于各种水域。

保护级别 三有动物。

分布类型及区系 不易归类型，广布种。

普通秧鸡 | Rallus aquaticus 英文名 Water Rall （秧鸡科 Rallidae）

别名 秧鸡

形态描述 体长254~290mm。上喙黑褐色，喙缘和下喙橙黄色，繁殖期喙近红色；趾黄褐或暗绿色，虹膜橙红色。两性羽色相似。额、头顶至后颈黑色，眉纹灰白色，贯眼纹灰褐色，背、肩、腰、翼及尾上覆羽橄榄褐色缀黑纵纹；翼覆羽具零星白横斑；颏与喉多白色，前颈和胸灰褐色，胁、腹、胫和尾下覆羽黑色，并具细狭白横斑；尾暗褐色，具橄榄褐色羽缘。

生境与习性 栖息于河湖岸边、沼泽湿地芦苇丛或水草丛中。以鱼、昆虫、甲壳类、软体动物和植物种子为食。

旅鸟。河北省内见于沿海地区与坝上。张家口境内迁徙季节见于坝上湖淖湿地。

保护级别 三有动物。

分布类型及区系 古北型，广布种。

鸻形目

蛎鹬

Haematopus ostralegus
英文名 Eurasian Oystercatcher
（蛎鹬科 Haematopodidae）

别名 海喜鹊、水鸡、蛎鸻

形态描述 体长430~450mm。喙红色，长直而粗；虹膜红色，跗蹠和趾红色。头、颈、背及上胸黑色，眼下方有白点斑，下背、尾上覆羽和尾羽白色，端部1/3黑。初级飞羽、三级飞羽黑色，次级飞羽基部有白色宽带。下胸、腹及尾下覆羽白。

生境与习性 栖息于港湾、江河、湖泊和沼泽湿地、苇塘等处，常单独活动。以甲壳类、软体动物、蠕虫、昆虫等为食。

旅鸟。河北省内分布于沿海及内陆各类湿地。张家口境内迁徙季节见坝下河流与库塘等大型水域。

保护级别 省级重点保护野生动物。

分布类型及区系 全北型，古北种。

环颈鸻

Charadrius alexandrines
英文名 Kentish Plover
（鸻科 Charadriidae）

别名 白领鸻

形态描述 体长150~170mm。喙黑色，虹膜暗褐色，跗蹠和趾灰黑色。雄鸟夏羽：头顶棕黄色，额白色与白眉纹相连，贯眼纹黑色，额上两眼间具黑色横斑，不与贯眼纹相连；额、喉、颊及颈后成白领环，颈侧具褐色横带；背部灰褐色，下体白色。雌鸟：贯眼纹褐色。

生境与习性 单独或成小群进食，常与其他涉禽混群于海滩、咸水湖源或近海岸的多沙草地，也在沿海河流及沼泽地中活动。主要以昆虫、软体动物、蠕虫、甲壳类等为食。

夏候鸟。见于各大水域附近。张家口境内多见于坝上湖淖及沼泽湿地。

保护级别 三有动物。

分布类型及区系 不易归类型，广布种。

金眶鸻

Charadrius dubius
英文名 Little Ringed Plover （鸻科 Charadriidae）

别名 黑领鸻

形态描述 体长 150~170mm。喙黑色，趾黄色，虹膜暗褐色，眼圈金黄色。上体沙褐色。额白色，眼前、两眼间与耳羽连成一贯眼黑斑，头顶有白“∩”形斑，颈有白环，黑胸环带后缘狭细。飞羽纯褐色，展翅无白色翼带，尾沙褐色，两侧尾羽和下体白色。冬羽褐色。幼鸟：无白额斑及黑贯眼纹，额与眉纹黄色；胸环褐色，前缘正中断开。

生境与习性 栖息于河湖岸边、海滨沙滩等地，奔跑迅速。主要以昆虫、软体动物、蠕虫、甲壳类等为食。觅食时小步疾行，走走停停。

夏候鸟。省内见于大型水域附近的滩涂。张家口境内多见于坝上湖淖及大中型水库附近。

保护级别 三有动物。

分布类型及区系 不易归类型，广布种。

剑鸻 | *Charadrius hiaticula* 英文名 Ringed Plover （鸻科 Charadriidae）

别名 长嘴鸻

形态描述 体长190~210mm。喙长，黑色；虹膜褐色；趾淡黄色，缺后趾。上体沙褐色；额白，眼后具短白眉斑，两眼上方以黑横带相连，眼后纹灰褐色；颈白色环连喉，下具黑颈环；下体白色；飞羽褐色，次级飞羽基部有狭细白翼带。冬羽和幼鸟头、胸黑带转褐色。

生境与习性 栖息于河湖岸边、海滨、砾石滩等地，常集小群活动。地面营凹窝状巢。每窝产卵4枚，卵淡黄或青灰色，具红褐色斑点。以昆虫、软体动物和甲壳类为食。

夏候鸟。见于省内沿海及内陆大型水域。张家口境内多见于坝上湖淖、大中型水域及洋河、桑干河、黑河、白河的宽阔水面及漫滩地。

保护级别 三有动物。

分布类型及区系 全北型，广布种。

铁嘴沙鸻

Charadrius leschenaultii
英文名 Greater Sand Plover （鸻科 Charadriidae）

别名 沙鹂子、铁嘴鸻

形态描述 体长195~230mm。喙黑色，粗长；虹膜褐色；趾长，黄褐色。体羽似蒙古沙鸻，但体较大。飞行时白翼带显著，趾伸过尾端。夏羽：雄鸟棕胸斑前缘无黑纹，胁白色；雌鸟贯眼纹褐色，上胸棕环色淡。

生境与习性 栖息于沼泽湿地、河湖岸边及海滨沙滩；在地上奔走而不轻易起飞。营巢于沙地地面的凹坑，内铺小石粒。每窝产卵3枚，卵呈灰褐色，具暗斑，大小为（35.2~40.3）mm×（26.5~29.3）mm。以软体动物、昆虫、蠕虫、禾本科杂草种子等为食。

旅鸟。迁徙季节见于河北省沿海湿地及坝上湿地。张家口境内见于坝上湿地。

保护级别 三有动物。

分布类型及区系 中亚型，古北种。

蒙古沙鸻 | *Charadrius monogolus* 英文名 Lesser Sand Plover （鸻科 Charadriidae）

别名 沙鹬

形态描述 体长180~200mm。喙黑色，趾暗绿褐色，虹膜暗褐色。夏羽：头灰褐沾棕色，白额后细黑横斑连于黑贯眼纹，眉纹白色；上体余部灰褐色；胸、后颈与胁棕色，胸前缘有细黑线；下体余部白色；展翅有白色翼带，飞行时趾不过尾端。冬羽：眉纹白色，贯眼纹、颈环与上体灰褐色，胸、腹白沾棕色。幼鸟：额、眉纹沾棕黄色，上体具淡黄羽缘斑。

生境与习性 栖息于河湖岸边、海滩、草原及田野，常结群活动。主要以软体动物、蠕虫、昆虫和禾本科杂草种子等为食。

旅鸟。见于大型水域附近滩涂中。张家口境内迁徙季节见于坝上湿地。

保护级别 三有动物。

分布类型及区系 中亚型，古北种。

长嘴剑鸻 | *Charadrius placidus* 英文名 Long-billed Plover （鸻科 Charadriidae）

别名 长嘴鸻

形态描述 体长220mm。喙黑色较长；虹膜褐色，腿和趾暗黄。尾较剑鸻及金眶鸻长，白翼上横纹不及剑鸻粗而明显。繁殖期体羽具黑的前顶横纹和全胸带，贯眼纹灰褐色。亚成鸟体羽色似剑鸻及金眶鸻。

生境与习性 喜栖息于河边、池塘、沼泽、咸水湖泊、沿海滩涂的多砾石地带。

夏候鸟。分布于沿海及内陆大中型水域附近的滩涂及沼泽地。张家口境内多见于坝上湖淖、官厅水库、云州水库等大中型水域边缘的滩地中。

保护级别 三有动物。

分布类型及区系 全北型，广布种。

东方鸻

Charadrius veredus
英文名 Oriental Plover （鸻科 Charadriidae）

别名 沙鸻

形态描述 体长230~240mm。喙橄榄棕色，虹膜褐色，腿黄偏粉色。大覆羽和初级覆羽端缘狭，白色，飞行时微显白翼带，趾伸过尾端；站立时翼端过尾；额、喉、眉纹、腹、尾下覆羽白色；尾褐色，外侧尾羽端白；翼下面、腋羽、胁淡褐色。夏羽：雄鸟头灰褐色，余部白或淡褐色，胸具棕栗色宽带，后缘黑色；雌鸟头侧淡棕，胸无黑带。冬羽：上体褐色，色淡。

生境与习性 栖息于沼泽湿地、河流两岸。繁殖在干旱的稀树草原、沙漠的泥质、石质地段。

旅鸟。迁徙季节见于河北省沿海和坝上湿地。张家口境内多于迁徙季节见于坝上湖淖。

保护级别 三有动物。

分布类型及区系 中亚型，古北种。

金斑鸻

Pluvialis fulva
英文名 Pacific Golden Plover （鸻科 Charadriidae）

别名 金鸻、金背子

形态描述 体长约240mm。头大，喙短、厚，黑色；跗蹠黑色，虹膜暗褐色。夏羽：上体黑褐具金黄色点斑，一条白带自额、眉纹经颈侧下延至胸、胁、腹侧直至尾下，将体羽分为上下两部分。下体黑。冬羽：黑色消失，下体白色，胸、腹沾灰黄色。

生境与习性 栖息于河岸边、海滨沙滩及沼泽湿地，常集大群活动。主要以蝗虫等昆虫、甲壳类等为食。

旅鸟。河北省内见于各种大型水域附近和沿海地区。张家口境内迁徙季节见于坝上湖淖、河流湿地的漫滩地。

保护级别 三有动物。

分布类型及区系 全北型，古北种。

灰鸻 | *Pluvialis squatarola* 英文名 Grey Plover （鸻科 Charadriidae）

别名 灰斑鸻、斑鸻

形态描述 体长270~300mm。嘴、趾黑色，虹膜暗褐色。夏羽：头上至背及翼上覆羽黑褐色杂白斑，腰至尾白色，具黑褐横斑；眼先、颊、颏和喉至前腹黑色，后腹和尾下覆羽白色；额至胸侧有一白带。冬羽：上体灰褐色，具黑褐色轴纹及淡羽缘，颈侧、上胸及胁杂灰褐色斑，内侧初级飞羽内、外翈具白斑，次级飞羽褐色，翼下覆羽白色，腋羽黑色，腹白色，尾下覆羽外侧具褐色横斑。幼鸟：背黑褐色，次级飞羽白色。

生境与习性 栖于海滨及河湖岸边，性机警，常集群活动，迁徙时成数百只大群。主要以甲壳类、昆虫和蠕虫为食。

旅鸟。河北省内见于大型水域附近。张家口境内迁徙季节见于坝上湖淖。

保护级别 三有动物。

分布类型及区系 全北型，古北种。

灰头麦鸡 | *Vanellus cinereus* 英文名 Grey-headed Lapwing （鸻科 Charadriidae）

别名 跳鸻

形态描述 体长约350mm。喙黄色，尖端黑色；虹膜红褐色，跗蹠和趾较长，黄色。头、颈、胸灰色，胸沾褐色，后胸以黑环带与白色腹部为界。喙基与眼间具一黄肉垂。背、肩、翼上小覆羽、三级飞羽橄榄褐色。初级飞羽黑色，腰至尾白色，尾端黑色。

生境与习性 栖息于沼泽湿地及草原农田等处，领域性强，有猛禽等侵入巢区时，亲鸟常在空中盘旋鸣叫，且不时俯冲驱逐入侵者。主要以昆虫、甲壳类、软体动物等为食。

旅鸟。见于河北省内的各类湿地中。张家口境内迁徙季节见于坝上湖淖及坝下大型河流与水库。

保护级别 三有动物。

分布类型及区系 东北型，古北种。

凤头麦鸡

Vanellus vanellus
英文名 Lapwing
（鸻科 Charadriidae）

别名 癞鸡毛子

形态描述 体长约330mm。喙黑色，细长；虹膜褐色，跗蹠和趾暗红色。夏羽：头顶、颏、喉、前颈和胸黑色，头具细长上翘的黑冠羽，颈侧白；背、肩、翼、三级飞羽铜绿色，具金属光泽；圆翅，翅上覆羽、尾羽基部白色，先端黑色，外侧尾羽几乎全白；下体白色，上胸具黑宽带斑。冬羽：眼先和喉白色，冠羽较短。

生境与习性 栖息于河湖岸边、沼泽湿地、苇塘及草原农田等处，常集群活动。主要以昆虫、软体动物及蠕虫等为食。

夏候鸟。主要分布于河北省内各类湿地。张家口境内见于坝上湖淖及坝下大型库塘。

保护级别 三有动物。

分布类型及区系 古北型，古北种。

红颈滨鹬 | *Calidris ruficollis* 英文名 Red-necked Stint （鹬科 Scolopacidae）

别名 红胸滨鹬

形态描述 体长145~265mm。喙、趾黑色，喙直而短，虹膜褐色。翼上覆羽褐色，轴纹黑褐色，飞行时有白翼带；胁、腋、翼下覆羽白色。夏羽：头、背、肩赤褐色具黑褐轴纹，羽端灰白色，羽缘棕色，腰黑褐色，羽缘灰色，尾上覆羽黑色，中央尾羽黑褐色，外侧尾羽淡褐色；喉至上胸棕色，羽缘微白；下胸和胸侧具褐色斑，下体余部白色。冬羽：上体灰褐色，轴纹黑褐色，稍杂白色羽缘。

生境与习性 栖息于沼泽湿地、河湖岸边，常集群活动。主要以软体动物、环节动物、甲壳类、昆虫等为食。

旅鸟。见于沿海滩涂及内陆大型水域边缘。张家口境内迁徙季节见于坝上湖淖与沼泽湿地。

保护级别 三有动物。

分布类型及区系 东北型，古北种。

尖尾滨鹬 | *Calidris acuminata* 英文名 Sharp-tailed Stint （鹬科 Scolopacidae）

别名 尖尾鹬、尖尾水扎子

形态描述 体长190~210mm。喙黑色，虹膜褐色，趾黄绿色。腰、尾上覆羽黑褐色，后腹和尾下覆羽白色。夏羽：头棕红色，杂黑色轴纹，背、肩、翼上覆羽黑褐色，具污棕黄色羽缘，大覆羽端白色，飞行时有白翼带；喉、腹白色，颈、胸淡棕色，杂黑色点斑；胁及前腹有大形斑。冬羽：体色变淡。

生境与习性 栖息于沼泽、河湖岸边与海滨沙滩。营巢于干燥的地面上，以枯草为铺垫，每窝产卵4枚，淡绿色或浅褐色，具褐斑及淡紫色斑点。以软体动物、昆虫等为食。

旅鸟。见于河北省内沿海、坝上地区及内陆大型水域的漫滩地。张家口境内迁徙季节见于坝上湿地。

保护级别 三有动物。

分布类型及区系 东北型，古北种。

黑腹滨鹬 | *Calidris alpine* 英文名 Dunlin （鹬科 Scolopacidae）

别名 滨鹬

形态描述 体长190~210mm。喙黑色，端微拱曲；虹膜褐色，趾黑色。飞行时白翼带显著，腰、尾上覆羽及中央尾羽黑褐色；外侧尾羽近白色。夏羽：背、肩及内侧翼上覆羽锈红，轴纹黑褐色，羽缘白色；下体白色，腹中央有大黑斑。冬羽：上体灰色杂黑褐色斑纹，头侧、颈、上胸灰褐色，轴纹较淡；腹后纯白色。

生境与习性 栖息于浅水、沼泽及海滨沙滩。非繁殖期可集上千只大群活动。营巢于灌木丛与草丛。每窝产卵4枚，卵青褐色，具紫褐色大斑及灰斑点。以甲壳类、软体动物、昆虫等为食。

旅鸟。河北省见于沿海、坝上及内陆水域漫滩地。张家口境内见于坝上湿地。

保护级别 三有动物。

分布类型及区系 全北型，古北种。

红腹滨鹬 | *Calidris canutus* 英文名 Red Knot （鹬科 Scolopacidae）

别名 小水鸡子

形态描述 体长约240mm。喙灰褐色，虹膜暗褐色，趾土黄色。腰和尾上覆羽白色杂细褐横斑，尾灰褐色；腹和尾下覆羽白色。飞行时有白翼带，趾不过尾。夏羽：上体褐色杂棕色斑，下体棕红色，后腹和尾下覆羽白色。冬羽：背、肩及翼上覆羽灰褐色具黑细轴纹；颈、胸具淡褐色细轴纹，翼下覆羽、胁、腋羽以白色为主。

生境与习性 栖于河湖岸边、沼泽和海滨沙滩。飞行迅速，集群迁徙。以软体动物、甲壳类、环节动物和昆虫等为食。

旅鸟。河北省迁徙季节见于沿海、坝上滩涂及内陆大型水域边缘。张家口境内迁徙季节见于坝上湖淖及沼泽湿地。

分布类型及区系 全北型，古北种。

弯嘴滨鹬 | *Calidris ferruginea* 英文名 Curlew Stint （鹬科 Scolopacidae）

别名 浒鹬

形态描述 体长200~215mm。喙黑色，拱曲；虹膜褐色，趾黑绿色。飞行时有白翼带，趾伸过尾端。夏羽：头、胸和前腹栗红色，头具黑褐色轴纹；上背黑褐色，杂棕色白斑；下背褐色，尾上覆羽白色杂黑褐色横斑；尾灰褐色；胸具暗斑。冬羽：上体灰褐沾黄色；下体白；胸侧淡灰褐色。幼鸟：似冬羽，头棕色；颊颈淡黄褐色；上体黑褐色，轴纹与灰白羽缘显著。

生境与习性 栖于岸边及沼泽处。非繁殖期常与其他鹬类混群。营巢于覆有苔藓和地衣的干燥土丘上。卵灰绿，具赤褐色大斑与淡紫色小斑，大小(34.6~39.6)mm×(25~26.2)mm。以甲壳类、环节动物和昆虫等为食。

旅鸟。见于河北省内沿海、坝上大型水域处。张家口境内见于坝上湿地。

保护级别 三有动物。

分布类型及区系 古北型，古北种。

斑胸滨鹬 | *Calidris melanotos* 英文名 Pectoral Sandpiper （鹬科 Scolopacidae）

形态描述 体长220mm。喙基黄色，端部黑色，并略下弯；虹膜褐色，趾黄色。胸纵纹密布，止于白腹，白眉纹模糊，顶冠近褐色。繁殖期雄鸟胸偏黑色。幼鸟胸纵纹沾皮黄色。夏羽：多黑褐色，腹白。冬羽：灰褐色较少，飞行时两翼暗，具白色横纹，腰及尾上具宽黑色中心斑。

生境与习性 栖息于湿润草甸、沼泽湿地及池塘边缘。取食甲壳动物、昆虫和植物。

旅鸟。河北省迁徙季节见于沿海、坝上湿地、大型水域及河流的漫滩地。张家口境内迁徙季节见于坝上湿地。

保护级别 三有动物。

分布类型及区系 古北型，古北种。

长趾滨鹬

Calidris subminuta
英文名 Long-toed Stint
（鹬科 Scolopacidae）

别名 云雀鹬、长趾水扎子

形态描述 体长 140~161mm。喙黑色，虹膜褐色，趾黄绿色。飞行时有白翼带，趾微伸过尾端；中趾连爪约等于大于跗蹠长。夏羽：上体黑褐色羽缘沾棕色；上背两侧有“V”形污白带；下背黑褐色；尾上覆羽、中央尾羽黑褐色；外侧尾羽白端斑浅灰褐色；下体白，胁沾污棕；次级、三级飞羽灰褐色，基部白。冬羽：棕白变淡。幼鸟：上体色似夏羽，但“V”形污白带斑不明显。

生境与习性 栖息于河湖岸边、沼泽。非繁殖期集成 20~30 只小群活动，迁徙时集大群。以软体动物、昆虫、小鱼等为食，吃蓼科植物种子。

旅鸟。河北省见于沿海及内陆大型水域的漫滩地。张家口境内见于坝上湿地。

保护级别 三有动物。

分布类型及区系 东北型，古北种。

青脚滨鹬

Calidris temminckii
英文名 Temminck's Stint
（鹬科 Scolopacidae）

别名 乌趾滨鹬

形态描述 体长 140~150mm。喙黑色，虹膜褐色，趾黄色或灰绿色。飞行时有白翼带，尾上覆羽与中央尾羽黑褐色，外侧 3 对尾羽白色；胁、腋及翼下覆羽白色。夏羽：头、背、肩黑色，翼上覆羽褐色，有污棕羽缘；胸淡黄褐色，斑纹不显。冬羽：灰褐色，斑纹不显；喉和下胸后部白色。

生境与习性 栖息于沼泽湿地及河湖岸边。非繁殖期常集小群活动。以甲壳尖、环节动物、昆虫等为食。

旅鸟。河北省见于沿海、坝上和内陆大型水域及河流的漫滩地。张家口境内迁徙季节见于坝上湿地。

保护级别 三有动物。

分布类型及区系 古北型，古北种。

大滨鹬 | *Calidris tenuirostris* 英文名 Great Knot （鹬科 Scolopacidae）

别名 细嘴滨鹬、姥鹬、红嘴滨鹬

形态描述 体长280~300mm。喙黑色，虹膜褐色，跗蹠和趾绿灰色。头顶、上背、肩灰褐色具黑纵纹，有白羽缘。眉纹与前颈白色，具黑褐色细轴斑，胸及胁前端具黑斑杂白羽缘斑；腰和尾上覆羽白色，尾羽灰黑色，飞羽灰褐色，基部羽干白色；腹及尾下覆羽白色，飞行时有白翼带。

生境与习性 栖息于沼泽、湖泊岸边与海滨浅水处。常成数十只小群活动。主要以软体动物、蠕虫、甲壳类、昆虫等为食。

旅鸟。见于大型水域边缘滩涂。张家口境内见于坝上湖淖及沼泽。洋河水库边缘偶有发现。

保护级别 三有动物。

分布类型及区系 东北型，古北种。

针尾沙锥 | *Gallinago stenura* 英文名 Pintail Snipe （鹬科 Scolopacidae）

别名 中沙锥、针尾鹬

形态描述 长230~280mm。喙肉褐色，虹膜褐色，趾黄绿色。中央冠纹乳白色，侧冠纹褐色；背肩黑褐色杂红褐色斑，背两侧有4条黄纵纹；贯眼纹褐；颈、胸黄褐色杂黑褐色纵纹；后胸白，胁杂褐色横斑。飞行时次级飞羽末端无白翼带；趾伸过尾端。外侧6对尾羽线形，尾羽淡黄褐色杂黑色细横斑和棕红色次端斑，端斑黄白色。

生境与习性 栖息于山区、丘陵的稻田、水域近水草处。晨昏活动。营巢于草丛的干燥地面，每窝产卵4枚，卵灰白或灰黄，具褐、赭色或紫色斑点，大小（37~44.5）mm×（27~31.5）mm。以昆虫和蠕虫等为食。

旅鸟。见于省内沿海、坝上地区。张家口见于坝上湿地与洋河漫滩地。

保护级别 三有动物。

分布类型及区系 古北型，古北种。

大沙锥

Gallinago megala
英文名 Swinhoe's Snipe （鹬科 Scolopacidae）

别名 北鹬

形态描述 体长 260~280mm。喙肉色，端褐色；虹膜褐色，趾草青色。体色似针尾沙锥，但上背黑褐色浓重；尾羽 18~22 枚，最外侧 1 对非线形（超过 2 mm 宽）；飞行时次级飞羽末端无白色横带斑；趾不过尾端。

生境与习性 栖息于河流、沼泽、草地、稻田等处，迁徙时常与其他鹬类混在一起。以昆虫、甲壳类及植物碎屑等为食。

旅鸟。河北省迁徙季节见于沿海与坝上湿地、大型水域、宽阔的河流漫滩地。张家口境内迁徙季节见于坝上湿地、官厅水库等大中型水域的浅水漫滩地。

保护级别 省级重点保护野生动物。

分布类型及区系 古北型，古北种。

孤沙锥

Gallinago solitaria
英文名 Solitary Snipe （鹬科 Scolopacidae）

别名 田鹬、林扎子

形态描述 体长 290~310mm。喙灰褐色；虹膜褐色；趾土黄色。头纵纹白色；颈与上胸淡黄褐色轴纹锈色；背、肩、翼上覆羽褐棕杂黑色、淡褐色，有白斑，成 4 条白纵带；腰与尾上覆羽黄褐色具黑细横斑；尾淡黄褐杂黑色横斑和棕色次端斑，尾羽 14 枚。飞行时趾不伸过尾端。

生境与习性 栖息于溪流岸边、林间沼泽，稻田觅食；夜间和晨昏单只活动。在山地营地面巢。产淡黄褐色卵 5 枚，具暗褐色疏而大的斑点与灰色小斑点。以甲虫及其幼虫、软体动物和其他无脊椎动物为食。

旅鸟。迁徙季节见于沿海、坝上湿地。张家口境内迁徙季节见于坝上湖淖及沼泽湿地。

保护级别 三有动物。

分布类型及区系 古北型，古北种。

三趾滨鹬 | Calidris alba 英文名 Sanderling （鹬科 Scolopacidae）

别名 三趾鹬

形态描述 体长190~206mm。喙黑色，虹膜褐色，趾黑色，缺后趾。飞行时有白翼带，胁、腋和翼下覆羽白。夏羽：头、颈、上胸锈红色杂黑斑；肩、背及内侧三级飞羽与内侧翼上覆羽棕红色具黑轴纹和白色羽缘；外侧翼上覆羽灰色，羽缘淡。冬羽：头顶、后颈淡灰色，头具暗轴纹；上背、肩和内侧翼上覆羽淡灰褐色，具暗轴纹和淡羽缘；下体白色，翼角黑色；中央尾羽灰褐色。幼鸟：下体白色，上背、肩、三级飞羽黑轴纹粗重，羽端白色，头上杂黑褐色轴纹；翼角黑褐色。

生境与习性 栖息于河湖岸边和沼泽湿地，边走边觅食。非繁殖期集群活动，迁徙时可集成数百只大群。营巢于杂草丛生的地面上。每窝产卵常为4枚，卵呈淡绿褐色或黄褐色，具暗褐与灰色斑点，大小为（33.1~38.2）mm×（23.5~26.1）mm。以软体动物、甲壳类、昆虫等为食。

旅鸟。河北省迁徙季节见于沿海、坝上湿地、大型水域及河流的漫滩地。张家口境内迁徙季节见于坝上湿地。

保护级别 省级重点保护野生动物。

分布类型及区系 全北型，古北种。

勺嘴鹬 | Eurynorhynchus pygmeus 英文名 Spoon-billed Sandpiper （鹬科 Scolopacidae）

形态描述 体长150~180mm。喙黑色，虹膜褐色，跗蹠和趾黑。上体黑羽缘锈色。具白眉纹。前额和胸红褐色，带黑色斑点，腰和尾上覆羽暗褐色，两侧白色；中央尾羽暗褐色，外侧尾羽较淡，羽缘白。

生境与习性 栖息于海滨沙滩和港湾。常单独活动。主要以昆虫、草籽为食。

旅鸟。见于沿海、坝上水域滩涂和沼泽地，白洋淀与衡水湖等内陆湖泊也可见到。张家口境境内见于坝上湖淖及沼泽湿地。

保护级别 三有动物。

分布类型及区系 东北型，古北种。

灰尾漂鹬 | Heteroscelus brevipes 英文名 Grey-tailed Tattler （鹬科 Scolopacidae）

别名 灰尾鹬

形态描述 体长250~260mm。喙黑褐色，虹膜褐色，趾黄色。上体灰褐色，贯眼纹黑色，眉纹白色；下体白色；腋黑褐色，翼下覆羽灰褐色，有数条暗带。夏羽：颊、颈侧具黑褐色细纵纹；胸侧、胁具黑褐色横斑。冬羽：头侧、颈与体侧斑纹不显，颈侧与胸侧淡灰褐色。幼鸟：如冬羽，肩和翼上覆羽、尾羽侧缘杂白色斑纹。

生境与习性 栖于河湖、沼泽湿地、多岩石沙滩，集群迁徙。地面小步疾走，停栖时尾上下摆动。

旅鸟。河北省见于沿海滩涂及坝上湖淖与沼泽。张家口境内迁徙季节多见于坝上湖淖及沼泽湿地。

保护级别 三有动物。

分布类型及区系 古北型，古北种。

阔嘴鹬 | *Limicola falcinellus* 英文名 Broad-billed Sandpiper （鹬科 Scolopacidae）

别名 三趾鹬、宽嘴鹬、水扎子

形态描述 体长170~175mm。喙黑色，端稍拱曲，上喙前部平扁；虹膜褐色，趾黑色。侧冠纹与眉纹白；上体黑褐色，具白色羽缘斑；下体白色具褐点斑；中央尾羽暗褐色，外侧尾羽灰褐色；腋、翼下覆羽与下体白。冬羽：上体灰色，下体白色，颈白色，具淡灰褐色细纵纹；胸侧纵纹色淡。

生境与习性 栖息于河湖岸边及沼泽，单只或成小群活动。营巢于沼泽较干燥的灌木丛下；每窝产卵4枚，卵淡褐或黄灰色，具赤褐斑点。以昆虫、环节动物、软体动物、甲壳类等为食。

旅鸟。见于河北省内大型水域及河流的漫滩地。张家口境内见于坝上湿地。

保护级别 三有动物。

分布类型及区系 全北型，古北种。

斑尾塍鹬 | Limosa lapponica 英文名 Bar-tailed Godwit （鹬科 Scolopacidae）

别名 斑尾鹬

形态描述 体长360~400mm。喙肉红色，端黑色；虹膜褐色，跗蹠和趾黑色。体羽多赤褐色，头顶、枕、后颈具黑褐色羽干纹，眉纹白色，贯眼纹黑色。下背至尾白色，杂黑褐色横纹。飞行时趾端伸过尾端。

生境与习性 栖息于沼泽、稻田及海滩等处。以甲壳类、昆虫及种子等为食。

旅鸟。河北省内迁徙季节见于沿海、坝上及大型水域湿地。张家口境内迁徙季节见于坝上湖淖。

保护级别 三有动物。

分布类型及区系 古北型，古北种。

黑尾塍鹬

Limosa limosa
英文名 Black-tailed Godwit （鹬科 Scolopacidae）

别名 黑尾塍鹬、黑尾水扎子

形态描述 体长355~430mm。喙直，长，基部肉红色，端黑色；虹膜褐色，趾黑色。冬羽：头、颈、胸灰棕色，眉纹和颏、喉灰白色，背、肩褐色，翼下覆羽、腋、胁、腰和尾上覆羽基部白色，尾黑色，大覆羽端白，飞行时有白翼带，跗蹠下部及趾伸过尾端。夏羽：头、颈、胸、背棕红色，眉纹白色，胸侧和胁杂黑褐色横斑。雌性棕色较淡，幼鸟黄褐色。

生境与习性 栖息于沼泽湿地及水域周围的湿草甸。常与其他鹬类混群。主要以昆虫、软体动物等为食。

旅鸟。见于沿海及坝上湿地。张家口境内迁徙季节见于坝上湖淖。

保护级别 三有动物。

分布类型及区系 古北型，古北种。

姬鹬 | Lymnocryptes minimus 英文名 Jack Snipe （鹬科 Scolopacidae）

别名 水扎子

形态描述 体长 180~210mm。似沙锥而体小。喙短，黄色端黑，喙峰略大于跗蹠；趾暗黄色，虹膜褐色。中央冠纹暗色，黄眉纹被黑褐色细纹分成上、下两条；背闪绿辉，胸、胁具纵纹；尾较沙锥长，楔形，尾羽 12 枚；中央尾羽黑色，羽缘棕黄色，飞行时次级飞羽端白带显著，趾不过尾端，两性羽色相似，雄性稍大。

生境与习性 栖息于河流、湖泊的浅水、沼泽地和耕地等处，单只活动。主要以软体动物、甲壳类、昆虫等为食。

旅鸟。河北省内见于沿海湿地及内陆的大型水域边缘的滩涂中。张家口境内迁徙季节见于坝上湖淖及沼泽湿地，官厅水库边缘滩涂也有发现。

保护级别 三有动物。

分布类型及区系 全北型，古北种。

白腰杓鹬 | Numenius arquata 英文名 Eurasian Curlew （鹬科 Scolopacidae）

别名 大杓鹬、水鸡子

形态描述 体长 550~630mm。喙拱曲，长于或等于裸胫、跗蹠、中趾之和，下喙基肉色；趾青灰色，虹膜褐色。上背前上体和胸、胁以前下体满布褐色轴纹，下背和腰白色，具黑细轴纹；尾上覆羽白色，尾羽灰褐色，杂黑褐色横斑；尾下覆羽白色，具褐色细轴纹，喉、腋羽、翼下覆羽和后腹纯白无斑。

生境与习性 栖息于沼泽、草甸及稻田中。常用喙插入泥中搜索食物，主要以昆虫和水生无脊椎动物为食，亦食小鱼、小型爬行类、两栖类和浆果等。

旅鸟。河北省见于沿海滩涂及内陆大型水域边缘。张家口境内见于坝上湖淖。

保护级别 三有动物。

分布类型及区系 古北型，古北种。

小杓鹬 | *Numenins minutus* 英文名 Little Whimbrel （鹬科 Scolopacidae）

形态描述 体长300~310mm，喙长而弯曲，褐色，基部粉红色；跗蹠及趾蓝灰色，虹膜褐色。头顶色淡，具冠纹，中央冠纹肉色，两侧冠纹黑色。贯眼纹黑褐色微显，上体黄褐色，具黑齿状斑，头侧、颈、胸、胁、腋和翼下覆羽淡棕黄色，具黑褐色斑纹，喉、腹白色，腰和尾色淡，尾羽淡棕黄色具棕横斑，尾下覆羽白色，尖翼，尾端白色。

生境与习性 栖息于沼泽、湿地、池塘、海滨等有草的地带，迁徙时结集成上千只大群。主要以软体动物、蠕虫和昆虫等为食。

旅鸟。迁徙季节见于河北省沿海、坝上以及内陆大型水域。张家口境内迁徙季节见于坝上湖淖。

保护级别 国家II级重点保护野生动物。

分布类型及区系 东北型，古北种。

大杓鹬 | *Numenius madagascariensis* 英文名 Eastern Curlew （鹬科 Scolopacidae）

别名 红腰杓鹬、彰鸡

形态描述 体长600~630mm。喙黑褐色，下喙基部角黄色；趾青褐色，虹膜暗褐色。体型和体色似白腰杓鹬，但下背、腰、尾上覆羽与上背近同色，翼下覆羽、腋羽和尾下覆羽杂褐色横斑，全体底色沾黄。冬羽色淡。

生境与习性 栖息于沼泽、江河沿岸、湿地等处。主要以昆虫和水生无脊椎动物为食，亦食小鱼、小型爬行类、两栖类和浆果等。

旅鸟。省内见于坝上、沿海及内陆的大型水域边缘的滩涂中。张家口境内迁徙季节见于坝上湖淖。

保护级别 三有动物。

分布类型及区系 东北型，古北种。

中杓鹬 | *Numenius phaeopus* 英文名 Whimbrel （鹬科 Scolopacidae）

别名 麻鹬、杓鹬

形态描述 体长384~430mm。虹膜褐色，趾青灰色；喙长于跗蹠，显著拱曲，下喙基肉色。头顶黑褐色，中央冠纹白色狭细。贯眼纹黑褐色。上背和肩羽黑褐色杂少量淡色斑点。下背、腰白色具褐横斑；尾上覆羽褐白色横斑相杂；胸具黑褐色轴纹，胁、腹、腋、翼下和尾上覆羽杂褐色横斑，后腹白色。

生境与习性 栖息于海滨浅滩、沼泽、草原、耕地旷野等处。多混群，行走较慢。停息时缩颈呈现"S"形或喙插入背羽中。主要以环节动物、甲壳类、小鱼、昆虫等为食。

旅鸟。河北省见于沿海及内陆大型水域边缘。张家口境内见于坝上湖淖。

保护级别 三有动物。

分布类型及区系 古北型，古北种。

流苏鹬 | *Philomachus pugnax* 英文名 Ruff （鹬科 Scolopacidae）

形态描述 体长280~290mm。头顶暗褐，羽缘淡棕色，后颈浅褐色，背、肩及三级飞羽褐黑色，具浅棕白羽缘。初级飞羽暗褐色，腰、尾上覆羽及尾羽褐色，颏、喉白色，前额上胸沾棕黄色，下胸及胸侧褐色，下体余部白色。

生境与习性 栖息于沼泽地带。主要以软体动物、甲壳类、昆虫、草籽、浆果等为食。

旅鸟。见于沿海滩涂及内陆大型水域边缘滩涂中。张家口境内迁徙季节见于坝上湖淖与沼泽湿地。

保护级别 三有动物。

分布类型及区系 古北型，古北种。

丘鹬 | Scolopax rusticola 英文名 Woodcosk （鹬科 Scolopacidae）

别名 山鹬、山沙堆

形态描述 体长 320~350mm。喙长且直，喙基肉红色，端部黑褐色；趾暗黄色，虹膜褐色。上体锈红，头顶及枕有 4 条黑褐色横斑；眉纹、颊黄白色；背肩杂黑、黄、灰色斑，有 4 条灰白纵带；翼覆羽杂褐色横斑；下体淡黄褐，腰、尾上覆羽和下体杂褐色细横斑；尾黑褐色，有栗色横斑和灰色端斑。

生境与习性 栖息于山区林间，夜行性鸟类。白天伏于地面隐藏，夜晚飞至开阔地取食。以蠕虫和昆虫为食，也吃植物性食物。

旅鸟。见于沿海及内陆水域边缘的滩涂中。张家口境内见于坝上湖淖及沼泽，官厅水库及洋河水库边缘滩涂也有发现。

保护级别 三有动物。

分布类型及区系 古北型，古北种。

白腰草鹬 | Tringa ochropus 英文名 Green Sandpiper （鹬科 Scolopacidae）

形态描述 体长 220~240mm。喙黑色，趾黑绿色，虹膜褐色。下背、腰黑褐色，尾上覆羽白色，尾具 3~4 条宽黑横斑，末端最宽。飞行时趾微超出尾端，无白翼带。眉纹与白眼圈相连。腋黑色，杂白色横斑，胁杂褐色斑，翼下覆羽黑羽缘白。夏羽：头、背、肩、三级飞羽、部分翼上覆羽黑褐色杂白色点斑。颊、前颈和上胸具黑褐纵纹。冬羽：头顶灰褐色斑点微显，上体褐色。

生境与习性 栖息于河湖岸边、水田和沼泽湿地等处。主要以昆虫、甲壳类、软体动物、蠕虫、植物种子等为食。

旅鸟。见于沿海、坝上及内陆大型水域边缘的滩涂中。张家口境内迁徙季节见于坝上湖淖及沼泽湿地，洋河及桑干河漫滩地。

保护级别 三有动物。

分布类型及区系 古北型，古北种。

鹤鹬

Tringa erythropus
英文名 Spotted Redshank
（鹬科 Scolopacidae）

别名 红眼水扎子、红脚鹤鹬

形态描述 体长300~320mm。上喙黑色，下喙部基红色，端黑；虹膜褐色，跗蹠和趾暗红色。夏羽：通体黑色，眉纹略显；上体具白羽缘斑，喉、颈前及胸、腹有横纹，下背、腰及尾羽白色；尾羽具黑褐色细横纹；初级飞羽黑褐色，次级飞羽和三级飞羽灰褐色，具白横斑。冬羽：头顶灰褐色，后颈具褐色纵纹。飞行时跗蹠下部和趾伸过尾端。

生境与习性 栖息于河湖岸边浅水处及海滨沙滩，常集群活动。主要以昆虫、甲壳类、蠕虫以及小鱼等为食。

旅鸟。河北省见于沿海及内陆大型水域边缘。张家口境内见于坝上湖淖和官厅水库等大型水域边缘滩涂。

保护级别 三有动物。

分布类型及区系 古北型，古北种。

林鹬

Tringa glareola
英文名 Wood Spandpiper
（鹬科 Scolopacidae）

别名 鹰斑鹬、林扎子

形态描述 体长210~222mm。喙灰褐色，虹膜褐色，跗蹠和趾黑绿色。头羽灰褐色，白眉纹长，贯眼纹黑褐色；颊和颈白色具褐纵纹；背、肩及翼上覆羽灰黑褐色具白色和淡灰色斑纹。下体白色，胁具褐色横斑。飞羽黑褐色，翼下覆羽白色。下背及腰灰黑色，尾上覆羽、尾羽白色，尾羽端具黑褐色横斑。

生境与习性 栖息于沼泽、河湖岸边开阔林地水域处。常集小群活动。主要以昆虫、蜘蛛、软体动物、甲壳类及植物种子为食。

旅鸟。河北省见于沿海滩涂、坝上湿地及开阔河流岸边。张家口境内迁徙季节见于坝上湖淖。

保护级别 三有动物。

分布类型及区系 古北型，古北种。

矶鹬 | *Tringa hypoleucos* 英文名 Common Sandpiper （鹬科 Scolopacidae）

别名 普通鹬、石水扎子

形态描述 体长 184~200mm。喙淡褐色，虹膜褐色，跗蹠和趾黄沾褐色。头顶至枕及颈后灰褐色具黑细纵纹；眉纹白色，贯眼纹黑褐色；颏白色；脸、前颈、颈侧及上胸白具细褐纵纹。上体灰褐色沾绿微具金属光泽；尾羽灰褐色具暗横斑；飞羽褐色基部白，飞行时有白翼带。下体纯白色，胸侧褐色斑后缘平齐，在翼角前缘形成狭白斑。

生境与习性 栖于沼泽草地、稻田、池塘与水域边。成小群活动。以甲壳类、昆虫、蠕虫等为食。

旅鸟。河北省见于大型水域附近滩涂。张家口境内见于坝上湖淖、滩地，官厅水库等大中型水库边缘滩涂。

保护级别 三有动物。

分布类型及区系 全北型，属古北种。

青脚鹬 | *Tringa nebularia* 英文名 Common Greenshank （鹬科 Scolopacidae）

别名 绿脚水扎子、青足鹬

形态描述 体长 320~345mm。喙黑色，微翘曲，喙基灰色；趾灰绿色，虹膜褐色。下背、腰、尾、尾上覆羽和翼下覆羽纯白色，具黑褐细横斑，腋羽白色具褐色斑，腹和尾下覆羽白色。夏：头、颈白杂黑纵纹，上背、肩及翼上覆羽灰褐色具黑轴斑，胸侧及胁白色杂褐斑,尾杂褐色斑。冬羽：头颈似夏羽，上体灰褐具黑褐轴纹，羽缘黑褐色，尾具横斑，下体白色。

生境与习性 栖于海滩、河湖岸边与沼泽。非繁殖期集群活动。主要以昆虫、甲壳类、软体动物和小鱼等为食。

旅鸟。河北省见于大型水域边缘滩涂中。张家口境内见于坝上湖淖及沼泽。

保护级别 三有动物。

分布类型及区系 古北型，古北种。

泽鹬

Tringa stagnatilis
英文名 Marsh Sandpiper （鹬科 Scolopacidae）

别名 水扎子、小青脚鹬

形态描述 体长为230~254mm。喙黑色细长，趾灰绿色，虹膜褐色。飞行时无白翼带，趾伸过尾端，下背、腰、尾纯白色，翼下覆羽白色。夏羽：背肩灰褐色，尾与尾上覆羽白色，杂麦穗状黑褐斑；前颈、胸杂褐点斑，胁杂横斑。冬羽：背、肩淡灰色羽缘白，细轴纹褐色，翼上覆羽黑褐色具白羽缘，下体全白。

生境与习性 栖于湖泊、盐田、沼泽地、池塘。通常成小群，冬季集大群。主要以昆虫、甲壳类、软体动物、蠕虫等为食。

旅鸟。河北省见于沿海滩涂及内陆的大型水域边缘。张家口见于大型滩涂与水域湿地。

保护级别 三有动物。

分布类型及区系 古北型，古北种。

红脚鹬

Tringa tetanus
英文名 Common Redshank （鹬科 Scolopacidae）

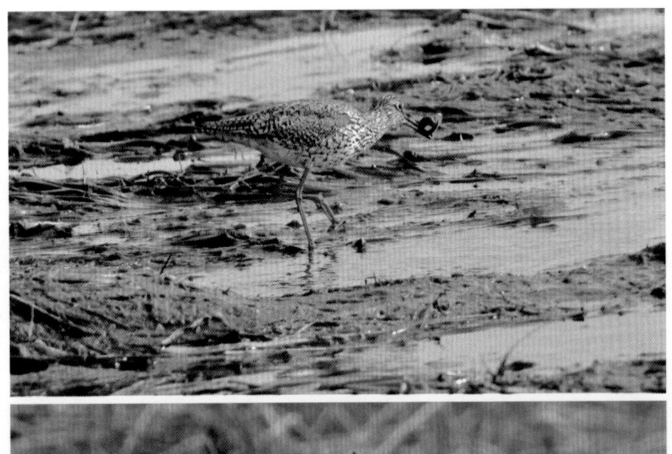

别名 红脚水扎子、赤足鹬

形态描述 体长260~280mm。喙基部红色，端部黑色，虹膜褐色，跗蹠和趾橙红色。夏羽：头及上体灰褐色，头、颈及胸侧具密集黑纵纹；颊与眉纹白色，贯眼纹黑褐色；腰、尾上覆羽白色，尾白色具褐横纹；内侧初级飞羽、次级飞羽羽端白色。下体白色，颈前、胸及腹具褐色纵纹，腹侧具褐色横纹。冬羽：头与上体无黑轴斑；飞行时，白腰明显，次级飞羽具明显白色外缘。

生境与习性 栖息于海滨、河湖岸边及沼泽湿地，常集群活动。食性与鹤鹬相似。

旅鸟。河北省内见于沿海、坝上湿地及省内大型水域边缘。张家口境内迁徙季节见于坝上湿地。

保护级别 三有动物。

分布类型及区系 古北型，古北种。

翘嘴鹬

▶ *Xenus cinereus*
英文名 Terek Sandpiper （鹬科 Scolopacidae）

别名 翘嘴水母鸟

形态描述 体长230~235mm。喙橙黄色，长而上翘，先端黑色；虹膜褐色，趾黄色。上体灰褐色，次级飞羽白色端斑显著。飞行时趾不及尾端，腋、翼下覆羽及胁白色。夏羽：肩具杈状黑纵带，头侧、颈侧具褐细轴纹；胸灰褐色，轴纹狭细；头至后颈灰褐色杂褐色轴纹。冬羽：上体灰色，肩羽无黑色纵带，颈及胸侧斑纹不显，额白色。

生境与习性 栖息于沼泽湿地、河湖岸边，步行迅速，边走边采食。主要以昆虫、甲壳类、蠕虫等为食。

旅鸟。河北省见于沿海、坝上湿地及内陆大型水域边缘。张家口境内见于坝上湖淖、洋河及桑干河的漫滩地。

保护级别 三有动物。

分布类型及区系 古北型，古北种。

黑翅长脚鹬

▶ *Himantopus himantopus*
英文名 Black-winged Stilt （反嘴鹬科 Recurvirostridae）

别名 红腿娘子

形态描述 体长350~410mm。喙黑色，细长；虹膜粉红色，跗蹠和趾淡红色。头、颈黑灰色，上背、肩及翼黑色，具绿金属光泽；额、下背、尾上覆羽及下体白色；尾羽白或沾淡灰褐色。

生境与习性 栖息于开阔草原及荒漠的水域岸边。常集群活动。主要以软体动物、蠕虫、甲壳类和昆虫为食。

夏侯鸟。河北省内见于沿海滩涂、坝上湖淖及内陆的大型水域边缘的滩涂中。张家口境内见于坝上湖淖，水库边缘及河流漫滩地湿地植物丰富区域。

保护级别 省级重点保护野生动物。

分布类型及区系 难以归类型，古北种。

反嘴鹬

Recurvirostra avosetta
英文名 Pied Avocet
（反嘴鹬科 Recurvirostridae）

别名 反嘴鹬、翘嘴水扎

形态描述 体长335~480mm。喙黑色，细长而上翘；趾蓝灰色，跗蹠细长，趾间具凹蹼。头至上颈黑色，肩羽、中覆羽、外侧小覆羽和初级飞羽黑色，展翼时上体有7块斑。上体余部和下体白色。幼鸟体羽黑色部分呈褐色。

生境与习性 栖于草原和半荒漠区的水域岸边。主要以水生昆虫幼虫、甲壳类和小型软体动物为食。

旅鸟。河北省主要分布于沿海滩涂、坝上湿地及内陆大型水域边缘滩涂中。张家口境内迁徙季节见于坝上湿地。

保护级别 省级重点保护野生动物。

分布类型及区系 难以归类型，古北种。

普通燕鸻

Glareola maldivarum
英文名 Oriental Pratincole （燕鸻科 Glareolidae）

别名 土燕子

形态描述 体长222~250mm。翼长，叉形尾。喙黑色，趾暗褐色，虹膜褐色。夏羽：喙基红色，喉淡黄色，周围镶带黑环的白斑，上体茶褐；贯眼纹黑色；尾上覆羽白色，尾羽白具黑褐色端斑；胸、胁淡褐沾黄色，前腹橙黄色，后腹和尾下覆羽白，腋羽和内侧翼下覆羽棕红色。冬羽：喉黄色更淡，围喉黑环分散成褐色细纵纹，黑环变得模糊；贯眼纹黄白色。幼鸟：上体灰褐色，羽端缘白色，喉灰白色，周围黑斑不显；胸淡褐色，腹污白，胸侧、胁具淡褐色斑。

生境与习性 栖息于开阔草原的沼泽湿地、河湖岸边等近水处。主要以蝗虫、甲壳类等为食。

夏候鸟。河北省见于沿海滩涂、坝上湿地及内陆大型水域边缘。张家口境内分布于坝上湿地、洋河与桑干河漫滩地及官厅水库边缘。

保护级别 三有动物。

分布类型及区系 东洋型，广布种。

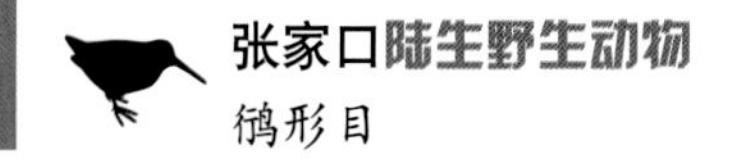

银鸥 | Larus argentatus 英文名 Herrimg Gull （鸥科 Laridae）

别名 海鸥、钓鱼郎

形态描述 体长590~690mm。喙黄色，下喙端有红斑点；跗蹠淡红色，虹膜浅黄色，眼周黄色。夏羽：背和两翼蓝灰色，后腰白色，翼端黑褐色；有白端斑，第一初级飞羽内翈灰白色，其他飞羽深灰色，翼下覆羽白色，下体纯白色，尾白色。冬羽：头和颈部密布灰褐色细纵纹。

生境与习性 栖于港湾、岛屿、岩礁和近海沿岸及内陆河流、湖泊沼泽处。低飞于水面上空，非繁殖期喜群居。食物以鱼和软体动物为主，也食一些水生植物。

冬候鸟或旅鸟。在河北省主要分布于沿海地区，坝上大型水域偶见。张家口境内迁徙季节见于坝上湖淖。

保护级别 三有动物。

分布类型及区系 全北型，古北种。

海鸥 | *Larus canus* 英文名 Common Gull （鸥科 Laridae）

形态描述 体长430~450mm。喙和跗蹠绿黄色，虹膜灰褐色。夏羽：头、颈纯白色，眼周沙红色；体背、肩羽、背、腰上部淡青灰色，第一、第二初级飞羽黑色，具白色次端斑；其余多灰色，有白端斑和黑色次端斑，尾与下体白色。冬羽：头和后颈有灰褐色小纵斑。

生境与习性 栖息在多礁石的海滨和内陆湖泊，多集群活动。主要以昆虫、鱼、虾、甲壳类和软体动物为食。

冬候鸟。河北省分布在沿海、坝上水淖附近、平原的一些湖泊迁徙季节也可见到。张家口境内迁徙季节见于坝上湖淖。

保护级别 三有动物。

分布类型及区系 全北型，古北种。

北极鸥 | *Larus hyperboreus* 英文名 Glaucous Gull （鸥科 Laridae）

别名 白鸥、淡灰鸥

形态描述 体长600~710mm。喙黄色，粗而长，下喙近端处有红斑；跗蹠肉红色，虹膜黄色。夏羽：除背、肩羽及覆羽淡灰色，翼色淡外，通体白色。冬羽：头颈具灰纵纹，余部白色。

生境与习性 栖于沿海地带，单独或结群繁殖，喜群栖。以动物腐肉、海星、海胆、鸟卵及幼雏、甲壳类、鱼类为食，有时也到近海垃圾堆找食。

旅鸟。河北省迁徙季节见于沿海、坝上地区以及大型湖泊水域。张家口地区迁徙季节见于坝上湖淖。

保护级别 三有动物。

分布类型及区系 全北型，古北种。

小鸥 | *Larus minutus* 英文名 Little Gull （鸥科 Laridae）

形态描述 体长260~310mm。喙暗红色，虹膜深褐色，趾红色。飞行时翼下暗，后缘白；尾端稍凹或平尾。夏羽：头、喉和上颈黑色；背和翼蓝灰色。冬羽：头白色，头顶、耳羽和眼睑有暗褐色新月形斑。幼鸟：似冬羽，背淡灰或灰褐色，后颈与背同色；三级飞羽和部分翼覆羽褐色，飞行时两翼上面前缘黑斑与翼上覆羽连成"M"形带状暗色斑，翼下近白色；尾端具黑横带斑；喙褐色，趾暗肉色。

生境与习性 栖息于海岸、湖泊、沼泽等地。

旅鸟。河北省迁徙季节见于坝上及沿海地区，平原大型湖泊水域也可见到。张家口境内迁徙季节见于坝上湖淖。

保护级别 国家II级重点保护野生动物。

分布类型及区系 古北型，古北种。

遗鸥 | *Larus relictus* 英文名 Relict Gull （鸥科 Laridae）

别名 钓鱼郎、黑头鸥

形态描述 体长430~464mm。喙红色，跗蹠红色，虹膜褐色。头、颈、上胸黑色，眼和喙之间苍褐色，眼后有半圆形白斑。颈白色，上体灰色，腰、尾和下体白色。初级飞羽和次级飞羽银灰色。

生境与习性 栖息于大型水域之处。主要以小鱼、水生无脊椎动物和草、叶等植物为食。

夏候鸟。河北省见于沿海与坝上地区。张家口境内见于坝上康保的康巴诺尔湖淖。

保护级别 国家I级重点保护野生动物。

分布类型及区系 中亚型，古北种。

红嘴鸥 | *Larus ridibundus* 英文名 Common Black-headed Gull （鸥科 Laridae）

别名 笑鸥、叼鱼郎、红嘴鸥、赤嘴鸥

形态描述 体长380~410mm。喙红色，纤细；趾红色，虹膜暗褐色。翼上面外侧缘白带较宽，翼下面初级飞羽近暗灰色，背、肩蓝灰，颈、尾、下体白色。夏羽：头、颏和喉暗棕色，眼上下有半月形白斑。冬羽：喙红色端黑，眼先有暗半月形斑，耳覆羽有暗斑，后颈淡灰近白色。幼鸟：似冬羽，初级飞羽与三级飞羽及中、小覆羽褐色，端白；尾具黑色次端斑；喙、趾暗肉色，喙先端黑褐色。

生境与习性 栖于芦苇和其他水生植物丛生的湖泊、河流、水库、河口及沼泽地带。也见于森林与荒漠及半荒漠中的河流湖泊等水域。常3~5只或几十只结群飞翔和游泳。主要以鱼类、甲壳类及蝼蛄、蝗虫、水生昆虫等为食。

夏候鸟。河北省分布在沿海、坝上及内陆大型水域边缘滩涂中。张家口境内见于坝上湖淖、沼泽、坝下大中型水库及宽阔河面的滩涂地。

保护级别 三有动物。

分布类型及区系 古北型，古北种。

灰背鸥 | *Larus schistisagus* 英文名 Slaty-backed Gull （鸥科 Laridae）

别名 灰背海鸥

形态描述 体长570~610mm。喙黄色，下喙端有红斑；跗蹠肉红色，虹膜淡黄色。夏羽：似银鸥，头白，额、颈、上体自肩、背至尾上覆羽灰白色，初级飞羽黑灰与黑端斑对比不显著；次级飞羽白端斑较宽，大、中、小覆羽与飞羽同色，具灰白色端斑，下体纯白色。冬羽：头、颈有灰褐色细纵纹，眼周密极。

生境与习性 栖于海岸的岩礁、海湾、渔场咸水湖泊。以小鱼、虾、螺、蛤类为食。

旅鸟。河北省迁徙季节见于沿海及坝上湖淖等湿地。张家口境内迁徙季节多见于坝上湖淖与沼泽湿地。

保护级别 三有动物。

分布类型及区系 东北型，古北种。

三趾鸥

Rissa tridactyla
英文名 Black-legged Kittiwake
（鸥科 Laridae）

形态描述 体长400~450mm。喙绿黄色，跗蹠黑色，虹膜褐色，足仅有3趾。夏羽：头部、额、颈及上背纯白色，下体及尾下覆羽、胁白色，背、肩和腰银灰色；尾上覆羽基部珍珠灰色，尾羽纯白色，最外侧初级飞羽外翈和内侧4枚初级飞羽形成黑色翼端斑，其他灰色色；飞行时翼后有白横带斑。冬羽：头顶和枕有灰块斑。

生境与习性 多栖息近海岛的水面以及港湾或岩礁上。常随船只活动，群栖。以鱼、虾、甲壳类和软体动物为食。

冬候鸟。河北省见于秦皇岛一带的近海岸处和附近的岛屿上。迁徙季节也见于坝上湿地。张家口境内见于坝上湖淖。

保护级别 省级重点保护野生动物。

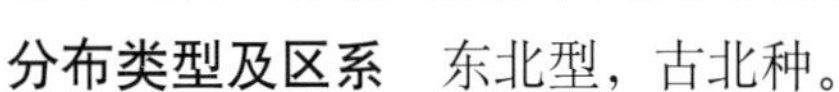

分布类型及区系 东北型，古北种。

须浮鸥

Chlidonias hybrid
英文名 Whiskered Tern
（燕鸥科 Sternidae）

别名 灰海鸥

形态描述 体长250~290mm。虹膜褐色。夏羽：喙暗红色，趾红色；头、枕黑色，喉、颊白色，背、肩、胸、翼和尾石板灰色，初级飞羽银灰色；凹尾，较短，最外侧尾羽外翈灰白色，尾下覆羽白色；腹黑灰色，飞行时翼下白外缘灰黑色。冬羽：喙、趾色暗，额与眉纹白色，头顶有黑纵纹，黑枕与黑贯眼纹相连；耳羽白色，背淡灰色，尾上覆羽与尾灰色，下体白色。幼鸟：似冬羽，但头、背有褐色斑。

生境与习性 栖于沿海、河川、湖沼。集群营巢。主要以甲壳类及小鱼、水栖昆虫、蝗虫、蝌蚪等为食。

夏候鸟。河北省见于沿海滩涂、河口、坝上湿地及内陆大型水域边缘中。张家口境内见于坝上湖淖、沼泽湿地，官厅水库及洋河等河流漫滩地。

保护级别 三有动物。

分布类型及区系 古北型，古北种。

白翅浮鸥

Chlidonias leucoptera
英文名 White-winged Tern （燕鸥科 Sternidae）

别名 白翅黑海燕

形态描述 体长230~250mm。夏羽：喙暗红色，虹膜褐色，趾红色。头至颈、背、胸、腹黑色，翼灰色，小覆羽白色。肩羽和三级飞羽暗灰色，腰至尾白色羽端灰色。翼下面覆羽黑色，飞羽白色。冬羽：喙黑色，趾暗红色；头、颈、胸下白色；头顶至后颈黑色与眼后方黑斑相连，耳羽黑色。背灰褐色，腰和尾上覆羽白色。

生境与习性 栖息于湖泊、沼泽及近水草地。常数十只集群在水面上空飞翔。主要以小鱼、虾、蝗虫等为食。

夏候鸟。河北省见于大型水域边缘滩涂中。张家口见于坝上湖淖、洋河及桑干河漫滩地、官厅水库等水域边缘。

保护级别 三有动物。

分布类型及区系 古北型，古北种。

黑浮鸥

Chlidonias niger
英文名 Black Tern （燕鸥科 Sternidae）

形态描述 体长240~270mm。喙黑色，虹膜褐色，趾暗红色。夏羽：额白色，头、颈和下体黑色，翼下和尾下覆羽白色，上体石板灰色。冬羽：前颏和下体白色，头顶后部和颈黑色，眼先具黑点斑；飞行时翼前胸侧具一小块黑斑。尾较白翅浮鸥深凹。

生境与习性 栖息于沿海、河川和湖沼地带。主要以水生昆虫和昆虫为食，亦食甲壳类、蛙类和鱼类。

旅鸟。河北省迁徙季节见于沿海及坝上湿地。张家口境内迁徙季节见于坝上湖淖。

保护级别 三有动物。

分布类型及区系 全北型，古北种。

鸥嘴噪鸥

Gelochelidon nilotica
英文名 Gull-billed Tern （燕鸥科 Sternidae）

别名 噪鸥

形态描述 体长380~390mm。喙黑色，喙形粗厚；虹膜褐色，趾黑色。上体和尾淡灰色；飞行时翼下白色，飞羽端和外侧飞羽较暗；叉尾。夏羽：头上和后颈黑色；背至中央尾羽灰白色；飞羽银灰色。冬羽：额白色，耳羽有明显黑斑；或后颈有黑纵纹；飞时除耳斑和初级飞羽端缘外几乎全白色。幼鸟：似冬羽，枕和后颈杂暗纵纹；上体羽杂褐色端斑。

生境与习性 栖息于开阔水域。营巢于草地凹坑处，内铺草叶。每窝产卵2~3枚，卵沙黄色，有褐紫或红色点斑。以昆虫、鱼类、甲壳类为食。

旅鸟。河北省见于沿海与坝上湿地。张家口境内见于坝上湖淖及沼泽湿地。

保护级别 三有动物。

分布类型及区系 不易归类型，古北种。

红嘴巨鸥

Hydroprogne caspia
英文名 Caspian Tern （燕鸥科 Sternidae）

别名 大嘴鸥

形态描述 体长490~530mm。喙红色粗大，端黑色；趾黑色，虹膜褐色，尾叉较浅。夏羽：头黑色，枕冠羽稍长，背、肩至尾灰色，尾上覆羽和下体白色，初级飞羽内翈暗灰色。冬羽：头上白色杂黑细纵纹，眼前后和眼下黑色，后颈白，背、翼、尾灰白色；初级飞羽深灰色，下体白色。幼鸟：似冬羽，但喙淡红，较暗；上体淡沙色，小覆羽、肩和三级飞羽黑褐色，羽缘白；尾灰色，尾端黑褐色。

生境与习性 栖于海岸沙滩、沿海沼泽，也见于河口、荒漠沼泽与湖泊地带。主要以鱼类、甲壳类等为食。

夏候鸟。河北省见于沿海、坝上湿地及平原大型湖泊水域。张家口境内见于坝上湖淖及沼泽等湿地。

保护级别 省级重点保护野生动物。

分布类型及区系 不易归类型，古北种。

黑枕燕鸥

Sterna sumatrana
英文名 Black-naped Tern
（燕鸥科 Sternidae）

别名 苍燕鸥

形态描述 体长 300~350mm。喙和趾黑色，虹膜褐色。自眼先有一黑带经眼与后枕相连向下扩展，形成大块黑斑，其余头部白色。背、肩和翅上覆羽淡葡萄灰色。腰、尾上覆羽、尾白色。尾深叉状，外侧尾羽逐渐变尖。第一枚初级飞羽外侧黑灰色，内侧淡灰色。其余飞羽淡灰白色，内侧羽缘白色。前额、头顶、眼下、头侧和颈侧及下体白色，下体缀有玫瑰色斑。

生境与习性 喜群栖，与其他燕鸥混群。常成群活动。休息时多栖息于岩石或沙滩上。主要以小鱼为食，也吃甲壳类、浮游生物和软体动物等。

旅鸟。见于沿海滩涂、坝上湿地。张家口境内迁徙季节见于坝上湖淖。

保护级别 三有动物。

分布类型及区系 东洋型，东洋种。

白额燕鸥

Sterna albifrons
英文名 Little Tern
（燕鸥科 Sternidae）

别名 白额海鸥

形态描述 体长 210~250mm。喙黄色，先端黑色，虹膜褐色，跗蹠和趾橙黄色，爪黑色。额白色，上喙基部有一黑纹延至眼上方，头顶至后颈黑色。背、肩及两翼珠灰色，最外侧两枚初级飞羽黑灰色；羽干白色，内翈具宽阔白缘；其余初级飞羽珠灰色具白色内缘；腰、尾上覆羽和铗尾白色；下体纯白色。

生境与习性 栖于湖泊周围沼泽芦苇丛。常集群活动。主要以鱼、虾、昆虫等为食。

夏候鸟。河北省见于沿海滩涂、坝上湿地及内陆大型水域边缘。张家口境内见于坝上湖淖、洋河的河漫滩地和官厅水库滩涂地。

保护级别 省级重点保护野生动物。

分布类型及区系 难以归类型，古北种。

普通燕鸥 | *Sterna hirundo* 英文名 Common Tern （燕鸥科 Sternidae）

别名　长翅燕鸥、黑顶燕鸥

形态描述　体长340~355mm。喙、趾黑色，虹膜暗褐色。夏羽：头后颈黑色，背、肩和翼蓝灰色；颊、喉和前颈白色，胸下淡灰色。初级飞羽外翈银灰色（第一枚黑），次级飞羽内外缘白色；腰、尾上覆羽和尾羽白色，最外侧1对尾羽外翈暗灰色。停栖时翼端与尾端近平齐。冬羽：额白色或黑杂白斑，下体全白色。幼鸟：似冬羽，背和翼覆羽、三级飞羽有内外镶白缘的黑褐斑。

生境与习性　栖息于江河、湖泊、沼泽等水域。觅食时空中悬停，频频振翅。主要以鱼类为食，亦食其他水生动物和昆虫。

夏候鸟。河北省见于沿海滩涂、河口、坝上湖淖及平原大型水域。张家口境内见于坝上湖淖及沼泽等湿地。

保护级别　三有动物。

分布类型及区系　全北型，古北种。

鸽形目

原鸽 | *Columba livia* 英文名 Rock Pigeon （鸠鸽科 Columbidae）

别名　野鸽子

形态描述　体长310~360mm。喙黑灰色，虹膜黄色，趾黄或红色。头、颈、胸和上背石板灰色，颈、上背、前胸闪绿紫辉，下背淡灰色；腰、尾上覆羽和尾羽石板灰色，尾端有宽阔黑斑；腹蓝灰色。雌鸟：较雄鸟色暗。幼鸟：背黑灰色，羽端缘白；下体色较暗。

生境与习性　栖息于山崖峭壁，常集群活动。直线飞行，速度快，离地不高。营巢于岩隙中，巢由干草及小枝构成浅盘状。每窝产卵2枚，卵白色。以花生、豆类、高粱、谷子等为食。

留鸟。河北省内各地均有分布。张家口境内见于各县（区）。

保护级别　三有动物。

分布类型及区系　不易归类型，古北种。

岩鸽 | *Columba rupestris* 英文名 Hill Pigeon （鸠鸽科 Columbidae）

别名 野鸽子

形态描述 体长300~350mm。喙黑色，虹膜褐色，趾红色。头、颈、胸暗灰色；上背前缘、颈和上胸闪绿紫辉，上背和翼蓝灰，翼有两道黑横带斑；下背白色；腰和尾上覆羽灰色；尾具黑端斑和白次端斑；前腹淡灰色，至后腹渐白。幼鸟：下颈和前胸石板黑色，微闪绿辉；胸沾棕色，翼上覆羽端缘白。

生境与习性 栖息于山区悬崖峭壁，常集群活动。营巢于峭壁、岩缝或岩洞庭湖中，巢用小枝条构成盘状。每窝产卵2枚，卵白色，大小37mm×27mm。以植物种子、坚果、球茎为食。

留鸟。河北省内山地均有分布。张家口境内各县（区）均有分布。

保护级别 三有动物。

分布类型及区系 不易归类型，古北种。

火斑鸠 | *Streptopelia tranquebarica* 英文名 Collared Dove （鸠鸽科 Columbidae）

别名 红鸠、斑甲、红斑鸠

形态描述 体长210~240mm。喙黑，趾暗红，虹膜暗褐色。雄鸟：头蓝色，后颈有黑环，胸、腹葡萄紫色，背铜色或栗红色，下背、腰暗蓝灰色；飞羽黑褐色，中央尾羽灰褐色，外侧尾羽黑褐色，端斑灰白色。下腹、尾下覆羽淡灰近白色，翼下覆羽、腋、胁灰。雌鸟：黑颈环狭细且色淡，上下体褐色较浓。

生境与习性 栖息于丘陵和平原，小群活动于田野村庄，有时与其他种斑鸠混群。主要以谷物和草籽等为食。

留鸟。河北省内各地区均可见到。张家口境内各县（区）均有分布。

保护级别 三有动物。

分布类型及区系 东洋型，广布种。

珠颈斑鸠

Streptopelia chinensis
英文名 Spotted Dove
（鸠鸽科 Columbidae）

别名 野鸽子、珍珠鸠

形态描述 体长300~320mm。喙黑色，趾紫红色，虹膜橘黄色。后颈有黑色具白点斑领圈。前额和眼先淡灰色，头颈余部灰葡萄色，后颈及两侧黑色密布白点斑；上体余部淡褐色，具淡红棕色羽缘，飞羽和大覆羽黑褐色，中央尾羽淡褐色，外侧1对尾羽黑褐色，下体葡萄灰色，颏、喉和腹部浅淡近白色。

生境与习性 栖息于杂木林、竹林和耕作区的树上，常集成小群活动。主要以谷物和杂草等为食，也吃其他农作物种子。

留鸟。河北省内各地均可见到。张家口境内各县（区）均有分布。

保护级别 三有动物。

分布类型及区系 东洋型，广布种。

灰斑鸠 | *Streptopelia decaocto* 英文名 Collared Dove （鸠鸽科 Columbidae）

别名 咕咕鸟

形态描述 体长280~310mm。喙近黑，趾暗红，虹膜红色。头、胸淡粉灰色，后颈两侧横列半月形黑领斑，背、腰、翼覆羽淡褐沾粉红色，尾上覆羽和中央尾羽灰褐色，外侧尾羽基半部灰褐色，端部黑褐色，端半部近白色。翼覆羽淡蓝色，飞羽褐色，颏、喉污白，腹淡灰或淡葡萄灰色，胁和尾下覆羽淡蓝灰色。

生境与习性 栖息于多树的平原居民区或山麓，常与其他种斑鸠混群。主要以谷物和草籽等为食。

留鸟。河北省内各地均可见到。张家口境内各县（区）均有分布。

保护级别 三有动物。

分布类型及区系 东洋型，古北种。

山斑鸠

Streptopelia orientalis
英文名 Rufous Turtle Dove
（鸠鸽科 Columbidae）

别名 咕咕等

形态描述 体长310~350mm。喙铅蓝色，趾紫红色，虹膜金黄色。头顶灰褐色，颈侧杂灰白与黑色相间斑，背和尾灰褐色，下背和腰暗蓝色；外侧羽黑色，有灰白端斑，最外侧尾羽外翈灰白色，翼褐色，覆羽缘棕色，胸主灰褐色，腹淡葡萄紫色，胁、翼下覆羽、腋羽暗蓝灰色。幼鸟：颈侧无黑斑，上胸羽缘灰棕色，下胸、腹紫红色较淡，偏灰色，肩、翼覆羽羽缘近白色。

生境与习性 栖息于多树木平原、山区，早晚常到农田觅食或到河边饮水。主要以谷物、草籽、林木果实和叶、芽等为食。

留鸟。河北各地均可见到。张家口境内各县(区)均有分布。

保护级别 三有动物。

分布类型及区系 季风型，广布种。

沙鸡目

毛腿沙鸡 | *Syrrhaptes paradoxus* 英文名 Pallas's Sand Grouse （沙鸡科 Pteroclidae）

别名 沙半斤、毛爪鸡

形态描述 体长250~400mm。喙蓝灰色，跗蹠和趾密被短羽，爪黑色，虹膜褐色。雄性：上体沙棕色具黑点斑，喉和后颈两侧橙色，颈侧棕灰色；胸具黑细胸带，腹有明显黑块斑；第一枚初级飞羽和中央尾羽甚尖长；足仅中趾发达，无后趾。雌性：头顶和颈侧有黑点，喉部有一狭窄黑横纹，翼、尾较短。

生境与习性 栖息于沙漠或草原等开阔地，成群活动，善在沙地奔走。食物以植物种子和嫩芽为主。

留鸟。河北省内见于坝上地区。张家口境内见于坝上地区。

保护级别 三有动物。

分布类型及区系 中亚型，古北种。

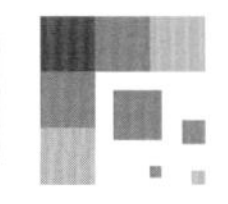

鹃形目

大杜鹃 | *Cuculus canorus* 英文名 Common Cuckoo （杜鹃科 Cuculidae）

别名 布谷鸟

形态描述 体长320~340mm。喙黑褐色，下喙基近黄色，上喙深褐色；虹膜深黄色，跗蹠黄色。雄鸟：上体暗灰色，腰和尾上覆羽污蓝色，外侧覆羽和飞羽暗褐色，翼下覆羽横斑较显著；尾羽黑色，中央尾羽具左右对称白斑，喉、上胸淡灰色；下体余部白色，具有黑褐色蠹状斑。雌鸟：上体锈红色，下体、喉与上胸棕黄色，余部白色，体羽杂有黑褐色横斑。

生境与习性 单独活动于开阔林地及芦苇地中，有时停在电线上寻找大苇莺的巢穴。停栖时，翼端下垂。鸣叫为bergu-声，二声一度，前高后低。以昆虫为主要食物。

夏候鸟。河北省内各地均有分布。张家口境内见于各县(区)。

保护级别 **河北**省级重点保护野生动物。

分布类型及区系 不易归类型，古北种。

四声杜鹃 | *Cuculus micropterus* 英文名 Indion Cuckoo （杜鹃科 Cuculidae）

别名 布谷鸟

形态描述 体长300~380mm，喙黑绿色，喙角和下喙基黄色，下喙偏绿色，虹膜红褐色，跗蹠黄色。头顶和后颈暗灰色，头侧、颏、喉和上胸淡灰色。上体余部和两翼褐色，初级飞羽内翈有白横斑，尾有宽的黑次端斑。腹白色，有黑蠹状斑，翼下覆羽乳黄色，具有少量黑色横斑。

生境与习性 栖息于山地，或平原树林中的上层，鸣叫为kakakako声，四声一节。主要以毛虫为食，也食植物或盗食寄主巢中的卵。

夏候鸟。见于河北省内各地。张家口境内见于各县（区）。

保护级别 省级重点保护野生动物。

分布类型及区系 东洋型，广布种。

小杜鹃

Cuculus poliocephalus
英文名 Small Cuckoo　（杜鹃科 Cuculidae）

别名　布谷鸟

形态描述　体长200~280mm。喙黑褐色，基部黄色；虹膜浅褐色，跗蹠淡黄色。雄鸟头和上体石板灰色，下体除上胸浅灰色外均白色，具有不连续黑窄横纹；尾羽褐灰色，有少量白斑；翼暗褐灰色，翼缘纯白，翼长小于170mm；尾灰色，有较窄白端斑，臀污黄色。雌鸟：上体棕褐色，上胸白色杂黑褐色横斑。

生境与习性　栖于次生林和林缘的田野中。鸣叫五声一度，似“阴天打酒喝”，第四声最高，有时末声为二声“喝喝”。食物以昆虫为主。

夏候鸟。广布于河北省内各地。张家口境内见于各县（区）。

保护级别　省级重点保护野生动物。

分布类型及区系　东洋型，广布种。

鸮形目

草鸮

Tyto capensis
英文名 Cape Barn Owl　（草鸮科 Tytonidae）

别名　毛猩狐

形态描述　体长350~400mm。喙米黄色，虹膜褐色，趾和爪黄色。面盘心形，灰棕色；皱领棕色较深，上、下各有黑褐色边缘；眼先上方具黑褐斑。上体黑褐色，具白点斑。初级飞羽棕色，具黑褐色横斑，次级飞羽内翈多白色。肩羽棕色，具黑褐色细点斑。下体淡棕色，具黑细点，下腹中央、肛周和尾下覆羽白色。

生境与习性　栖息于山地灌草丛生的林地。主要以鼠类、蛇、蛙、鸟卵等为食。

夏候鸟。河北省内见于坝上丘陵草原区。张家口境内见于坝上丘陵草原。

保护级别　国家II级重点保护野生动物。

分布类型及区系　不易归类型，广布种。

短耳鸮 | Asio flammeus

英文名 Short-eared Owl （鸱鸮科 Strigidae）

别名 猫头鹰、短耳猫头鹰

形态描述 体长370~380mm。喙、跗蹠、爪黑色，蜡膜灰褐色，虹膜金黄色。耳羽突微显，眼周羽黑色；面盘棕黄色，外缘略白，翎领略显黄白色；上体羽棕黄色，杂黑褐色羽干纹，飞羽有白端斑(最外侧3枚除外)；初级飞羽端部横斑少于4条，下体污黄白色，仅有细褐色纵纹，通体无明显蠹状斑。

生境与习性 栖于平原、旷野或沼泽地的林缘处以及草地中，单独活动，夜行性.白天多栖于树枝上休息，夜晚捕食。食物主要有鼠类、昆虫和小型鸟类等。

旅鸟。河北省内各地均有分布。张家口境内见于各县（区）。

保护级别 国家II级重点保护野生动物。

分布类型及区系 全北型，古北种。

长耳鸮 | Asio otus

英文名 Long-eared Owl （鸱鸮科 Strigidae）

别名 猫头鹰、长耳猫头鹰、夜猫子

形态描述 体长360~400mm。喙暗铅褐色，先端黑；虹膜金黄色，跗蹠及爪黑色。上体棕黄色，杂黑褐色纵纹及蠹状细斑。面盘黄褐色，喙上白斑与白眉纹相连成"X"形。耳羽黑褐色，长达46~53mm。初级飞羽端有4道褐色横斑。下体淡黄褐色具黑褐色羽干纹。两胁和上腹羽干纹较细，具树枝状横纹；下腹中央棕白色。

生境与习性 栖息于山地森林。主要以金龟子、甲虫、蝼蛄、鼠类为食。

留鸟。河北省内见于山地林间。张家口境内见于坝下山地森林。

保护级别 国家II级重点保护野生动物。

分布类型及区系 全北型，古北种。

纵纹腹小鸮 | *Athene noctua* 英文名 Little Owl （鸱鸮科 Strigidae）

别名 小猫头鹰、夜猫子

形态描述 体长220~238mm。喙黄褐，虹膜黄色；跗蹠和趾白色，披羽；爪黑褐色。眼周、喉、颈侧白色，眼先羽端黑色。上体褐色，头具白纵纹及点斑；上背白斑较密集，呈“U”形宽横带斑，伸达颈侧；下体棕白色，腹和两胁具粗的褐色纵纹；翅下覆羽和腋羽白色，肩上有两条白色或黄色横斑。

生境与习性 栖息于丘陵荒坡或村落附近的树林中。主要以昆虫、鼠类为食。

留鸟。分布于河北省内各地。张家口境内见于各县（区）。

保护级别 国家II级重点保护野生动物。

分布类型及区系 古北型，古北种。

雕鸮 | *Bubo bubo* 英文名 Eagle Owl （鸱鸮科 Strigidae）

别名 恨狐、恨乎

形态描述 体长600~690mm。喙黑褐色，虹膜橙黄色，跗蹠和趾淡棕色，爪铅褐色。耳羽簇长，眼大；上体棕褐色相杂具黑褐色蠹状横斑；耳突黑褐色，内侧棕黄色。眼先及前缘被白毛状羽，先端黑，眼上方有一大黑斑。面盘棕栗色杂褐色细斑。腰和尾上覆羽淡棕色，有黑褐色细波状纹。胸与后颈棕黄色，黑褐色轴纹粗阔，腹轴纹较细。飞羽外翈有方形斑。

生境与习性 栖于山地疏林间，冬季常至平原树林活动。常单独活动。主要以昆虫、鸟类、鼠类等为食。

留鸟。分布于河北省内各地。张家口境内见于各县（区）山地森林。

保护级别 国家II级重点保护野生动物。

分布类型及区系 古北型，古北种。

花头鸺鹠 | Glaucidium passerinum 英文名 Pigmy Owl （鸱鸮科 Strigidae）

别名 猫信呼

形态描述 体长160~190mm。喙黄色，基部沾绿色；虹膜淡黄色；跗蹠被羽，污白杂褐色斑。上体褐色具黑白色点斑或横斑；领环色淡；面盘不显；眼先和眉纹白色，眼下黑白点斑相间；颏白；喉灰白色杂褐色横斑；喉侧白，羽端黑褐色；下体白色，胸杂褐色横斑；腹胁具褐色轴纹；后腹和尾下覆羽白色；尾具5~6条白色横斑；初级飞羽、初级覆羽外翈沾棕色，外侧覆羽有一白斑伸向翼角；翼下覆羽、腋羽白色。

生境与习性 栖息于山地森林，早晚活动。营巢于树洞或啄木鸟的弃巢。以鼠类、小型鸟类为食，亦食昆虫。

冬候鸟。河北省内各地均有分布。张家口见于各县（区），坝上为旅鸟。

保护级别 国家II级重点保护野生动物。

分布类型及区系 古北型，古北种。

鹰鸮 | Ninox scutulata 英文名 Brown Hawk Owl （鸱鸮科 Strigidae）

别名 褐鹰鸮

形态描述 体长260~300mm。喙铅灰色，喙基和蜡膜绿褐色；虹膜亮黄色，跗蹠和趾黄色。形似鹰，面盘和翎领不显，耳羽小或短缺。额基、眼先、下喙基部和颏白色。头、后颈和背深褐色。肩羽先端有白斑；尾羽淡褐色，具5道黑褐色带状横斑，羽端缀白缘。下体黄白色，有较宽的深褐色纵纹。

生境与习性 栖息于山地阔叶林和针阔混交林中。夜行性，多在黄昏和夜间活动，白天偶见。多于树枝间休息。食物主要有鼠类、小鸟和昆虫等。

夏候鸟。分布于冀北山地及平原地区。张家口境内见于坝下山地森林。

保护级别 国家II级重点保护野生动物。

分布类型及区系 东洋型，古北种。

领角鸮

Otus bakkamoena
英文名 Collared Scops Owl （鸱鸮科 Strigidae）

别名 小猫头鹰

形态描述 体长230~240mm。喙淡黄色略带绿色，上喙强壮而弯曲，先端微黄；蜡膜灰褐色，跗蹠及爪淡黄色，虹膜红色。额与面盘灰白色，眼先羽毛白色，耳羽较长，灰褐色。外翈黑褐色，具横斑；内翈棕有黑褐色蠹状斑。有翎领。头至尾上覆羽棕栗色。上体灰褐色具点斑；有黑褐色羽干纹，具蠹状细斑。下体灰褐色，腹白色，有黑褐色纵纹及褐色小斑和波状横纹。

生境与习性 栖息于有溪水的山区混交林和居民点附近的山地疏林地带。夜行性。主要以甲虫、鼠类等为食，有时也捕食小鸟。

留鸟。河北省内各地均有分布。张家口境内见于各县区。

保护级别 国家II级重点保护野生动物。

分布类型及区系 东洋型，古北种。

红角鸮

Otus suina
英文名 Eurasian Scops Owl （鸱鸮科 Strigidae）

别名 小猫头鹰、棒槌雀、普通角鸮

形态描述 体长约200mm。头形宽大。喙褐色，短粗，侧扁，先端弯曲成钩，下喙先端黄色；蜡膜灰褐色，虹膜金黄色。眼先白色，具有黑色羽端；跗蹠灰褐色，上部被羽。具有显著耳羽，羽端灰褐色，羽基红棕色。面盘灰褐色，有黑细纵纹；具不明显的淡褐翎领。上体灰褐色，有黑褐色蠹状细纹；头至背部杂棕白斑，额棕白。下体羽多灰白色色，有深褐色细横斑和黑褐色羽干纹，尾下覆羽白色。

生境与习性 常栖于近水山地森林。夜行性。多隐于树枝中间。主要以昆虫、两栖类、小型鸟类和啮齿类动物为食。

夏候鸟。河北省内各地均有分布。张家口境内见于坝下山地森林近溪水与库塘附近。

保护级别 国家II级重点保护野生动物。

分布类型及区系 不易归类型，古北种。

灰林鸮 | *Strix aluco*
英文名 Eurasian Tawny Owl　（鸱鸮科 Strigidae）

别名　猫头鹰

形态描述　体长 380~430mm。喙淡黄色，短粗，蜡膜淡黄褐色；虹膜黄褐色，跗蹠和趾黄色。面盘灰色，羽端黑褐色，颈有白纵纹；翎领黑褐色，羽端雪白。上体灰褐色，有鳞状斑，羽缘白；肩羽多茶黄色，成一块斑；飞羽暗褐色，背有黑色或暗褐色纵纹。下体颏白色，具褐色细纵纹；腹污白杂深褐色粗而疏的纵纹和淡褐色横斑。尾灰色，显淡红，端白具暗褐色横斑，外侧尾羽横斑较宽。

生境与习性　栖于多岩石山地阔叶林和针阔混交林中，特别是栎林。夜行性。单独或成对活动。主要以啮齿类动物为食。

留鸟。见于河北省内东部和南部山地森林。张家口境内偶见于坝下山地森林。

保护级别　国家 II 级重点保护野生动物。

分布类型及区系　不易归类型，广布种。

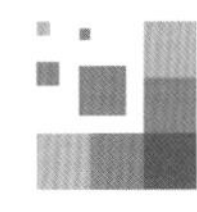

夜鹰目

普通夜鹰 | *Caprimulgus indicus*
英文名 Indian Jungler Nightjar　（夜鹰科 Caprimulgidae）

别名　贴树皮

形态描述　体长 260~280mm。喙黑色，虹膜暗褐色，跗蹠咖啡色。雄鸟：上体灰褐色杂黑色轴纹和蠹状斑；翼上覆羽有白棕色圆形斑，外侧 4 枚初级飞羽中部具白块斑；中央尾羽灰白色，4 对外侧尾羽有白色次端斑；颏、喉黑褐色；下喉具白斑；腹和翼下覆羽杂不规则棕黄色横斑，尾下覆羽棕黄色杂褐色横斑，腹和两胁红棕色。雌鸟：飞羽横斑棕色，尾无白斑。

生境与习性　栖于阔叶林中，多于清晨和黄昏活动。白天多伏老树干上休息。主要以夜蛾、甲虫、蚊、蚋等昆虫类为食。

夏候鸟。河北省内见于平原和山区低海拔近居民点的阔叶林及混交林内。张家口境内见于各县（区）山地森林。

保护级别　河北省重点保护野生动物。

分布类型及区系　东洋型，广布种。

雨燕目

雨燕 | *Apus apus* 英文名 Swift (Common Swift) （雨燕科 Apodidae）

别名 楼燕、麻燕

形态描述 体长160~190mm。喙黑色短；虹膜暗褐色，跗蹠紫褐色。体羽近纯黑褐色。前额近白色，颏、喉白色或灰白色，上延至胸。头、背、翼和尾闪蓝辉，上体多具白羽缘；腹黑褐色略有白羽缘。叉尾。

生境与习性 栖于近城旷野，集群活动，飞翔能力强，常群栖于高大古建筑物附近，也在房檐墙缝中做巢。以蚜虫、蝽象、蝇科及鞘翅目、膜翅目、蜻蜓目和革翅目等昆虫为食，在开阔地和水面上空飞行捕食。

夏候鸟。见于河北省内各地。张家口境内各县（区）均有分布。

保护级别 省级重点保护野生动物。

分布类型及区系 不易归类型，古北种。

白腰雨燕 | *Apus pacificus* 英文名 Large White-rumped Swift （雨燕科 Apodidae）

别名 白腰麻燕、白尾根雨燕

形态描述 体长180~190mm。喙黑色，虹膜暗褐色，跗蹠紫黑色。上体、两翼和尾黑褐色，上背与翼有绿蓝色金属光泽，颏、喉及腰至两趾白色，具黑色羽干纹；下体余部羽基暗褐色，羽端白色，内侧具1条黑斑。尾长而叉深。

生境与习性 栖于高山、草原、荒漠和农田草地等环境中，尤喜高山带岩壁区，结群活动捕食。边飞边鸣，疾飞如箭，发出“嗖嗖”声响。以、金龟子、蛾、蝇、蚊等为主要食物。

夏候鸟。河北省内各地均有分布。张家口境内各县(区)均有分布。

保护级别 三有动物。

分布类型及区系 东北型，古北种。

白喉针尾雨燕

Hirundapus caudacutus
英文名 White-throated Spinetail Swift （雨燕科 Apodidae）

别名 山燕子、针尾沙燕

形态描述 体长200~220mm。喙黑色，虹膜褐色，趾黄褐色。通体灰褐色。额灰白色，头顶、颈暗褐微闪绿辉色，背淡褐色，中部近白色。尾及尾上覆羽黑色，闪蓝绿辉；尾端羽轴突出如针。翼上覆羽黑色；闪蓝绿辉。飞羽黑褐色，内翈白色；翼下覆羽暗褐色。颏、喉白色，胸、腹灰褐色；尾下覆羽白色与胁后白色纵带相连。

生境与习性 栖息于山地森林地带，常到河谷、草地等处结群飞行捕食，飞行疾速。营巢于悬崖或树洞中。每窝产卵2枚，卵白色，大小约为29mm × 18mm。以昆虫为食。

夏候鸟。河北省各地均有分布。张家口境内见于各县（区）。

保护级别 省级重点保护野生动物。

分布类型及区系 东洋型，古北种。

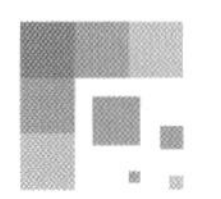

佛法僧目

普通翠鸟

Alcedo atthis
英文名 Common Kingfisher （翠鸟科 Alcedinidae）

别名 叼鱼郎

形态描述 体长150~180mm。喙黑色，雌鸟下喙橘黄色；虹膜褐色，跗蹠红色。头顶至后颈暗蓝绿或蓝黑色，密布翠蓝色鳞状斑；前额两侧、颊上和耳区栗棕色，颈侧和耳后各有一白块斑。上背至尾上覆羽翠蓝有金属光泽，飞羽黑褐色，外翈略暗绿；肩和翼上覆羽暗绿蓝杂翠蓝点斑，翼下覆羽棕色，尾羽蓝色；下体除颏与喉纯白外，余部栗棕色。

生境与习性 栖于溪流、鱼塘、湖泊、沼泽附近树上。常单独活动，可空中振翅悬停捕食。岸边土洞中营巢。主要以小鱼为食。

夏候鸟。河北省内水域处均可见到。张家口境内见于各县（区）。

保护级别 三有动物。

分布类型及区系 不易归类型，广布种。

冠鱼狗 | *Megaceryle lugubris* 英文名 Crested Kingfisher （翠鸟科 Alcedinidae）

别名 夜钓鱼郎

形态描述 体长400~410mm。喙黑褐色，尖端和下喙基部近白色；趾铅灰色，虹膜褐色。上体、胸、胁、翼和尾黑色杂白色横斑；颊、颈侧和下体余部白色。头具黑白相间的长羽冠。雄鸟：胸和颈侧黑斑杂棕色。雌鸟：翼下覆羽和腋羽淡棕色(雄鸟白色)。

生境与习性 栖于河湖沼泽及低山林区。常在水面上空巡视，见食物迅速俯冲捕获。主要以鱼类、甲壳类等水生动物为食。

夏候鸟。河北省内各地均有分布。张家口境内各县（区）均有分布。

保护级别 省级重点保护野生动物。

分布类型及区系 不易归类型，广布种。

蓝翡翠 | *Halcyon pileata* 英文名 Black-capped Kingfisher （翠鸟科 Alcedinidae）

别名 喜鹊翠、蓝鱼狗

形态描述 体长260~300mm。喙、趾珊瑚红色，虹膜暗褐色。头上、翼内侧覆羽黑色；背、腰、尾、初级覆羽和次级飞羽钴蓝色；初级飞羽黑褐色，外翈淡蓝色，内翈白色。颊、喉及后颈白色。下体余部、腋和翼下覆羽橙棕。雌鸟：颊、上胸、后颈白微沾棕色，上背前缘黑色。幼鸟：颊和胸羽缘黑色，成鳞状斑，上背黑色。

生境与习性 栖息于平原和山麓溪流、湖泊、沼泽的灌草丛等处。主以昆虫、虾、蟹、鱼类等为食。

夏候鸟。河北省内各地均有分布，张家口境内见于各县（区）。

保护级别 省级重点保护野生动物。

分布类型及区系 东洋型，广布种。

三宝鸟　*Eurystomus orientalis*
英文名 Broad-billed Roller　（佛法僧科 Coraciidae）

别名　阔嘴鸟、老鸹翠

形态描述　体长225~300mm。喙朱红色，端黑；虹膜暗褐色，趾朱红色。头宽阔扁平；颈至尾上覆羽、三级飞羽铜锈绿色。翼覆羽偏蓝色。初级飞羽黑褐色，基部具天蓝色斑，飞行时异常明显；次级飞羽和尾羽黑褐色，外翈深蓝色；颏、喉黑色，具钴蓝轴纹；胸、腹、尾下覆羽、翼下覆羽铜锈绿色。

生境与习性　栖于高树上，喜停在枯枝上，成对活动。营巢于树洞或啄木鸟弃洞。每窝产卵3~4枚，卵白色，大小为34mm×27mm。以昆虫为食。

夏候鸟。河北省内各地均有分布。张家口境内见于坝下各县（区）。

保护级别　省级重点保护野生动物。

分布类型及区系　东洋型，广布种。

戴胜目

戴胜　*Upupa epops*
英文名 Hoopoe　（戴胜科 Upupidae）

别名　臭咕咕、咕咕虫

形态描述　体长240~280mm。喙黑色，细长，略弯曲，喙基淡肉色；跗蹠黑色，虹膜褐色。丝状冠羽棕色具黑端斑。头、喉和上胸淡棕色，上背和小覆羽灰棕色，下背、肩黑褐色，腰白。尾上覆羽基部白色，端黑；尾羽黑色，中有一宽白横带斑；翼上小覆羽黑色，向内黑褐色；初级飞羽黑色有白色横斑，大、中覆羽及次级、三级飞羽及肩羽有多道白色横斑；腹部白色，杂褐色纵纹。

生境与习性　广栖性鸟类，生境类型多样。波浪状飞翔，地面上寻食，停栖时冠羽平伏头后，受惊吓时展开。洞穴营巢。以昆虫和蠕虫为食。

夏候鸟。河北省内各地均有分布。张家口境内见于各县（区）。

保护级别　省级重点保护野生动物。

分布类型及区系　不易归类型，广布种。

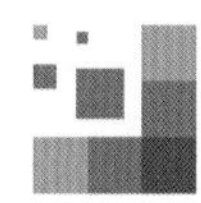

䴕形目

大斑啄木鸟

Picoides majar
英文名 Greater Pied Woodpeker （啄木鸟科 Picidae）

别名 啄木倌、斑啄木鸟

形态描述 体长 220~240mm。喙铅黑色，虹膜暗红色，跗蹠暗棕褐色。雄鸟：额白色或茶褐色，头顶至尾黑色，枕红色，眉纹与颈侧纯白色；3 对外侧尾羽外翈有白色横斑，中央 1 对尾羽杂白斑羽缘；颧纹黑色向后分两支，一支向上伸至枕下部，另一支向下达胸侧；肩羽白色，翼杂白色横斑点，翼下覆羽白色，颏至上腹污棕色；下腹绣红色，两胁较淡，近白色。雌鸟：无红斑。

生境与习性 广栖性鸟类。单独活动，以林间各种有害昆虫为食。

留鸟。河北省内各地均有分布。张家口境内见于各县（区）。

保护级别 省级重点保护野生动物。

分布类型及区系 古北型，古北种。

星头啄木鸟

Picoides canicopillus
英文名 Grey-capped Woodpecker （啄木鸟科 Picidae）

别名 嘣嘣木

形态描述 体长 150~170mm。喙灰褐；跗蹠绿灰，色较暗；虹膜淡红褐色。雄鸟：额和头顶灰色，枕和后颈黑色，枕侧各有一深红色小斑，上背、肩膀和尾上覆羽黑色；下背和腰白色，杂黑褐色横斑；喉中央白色侧灰色，胸、腹污棕黄色有黑纵纹；翼上大、中覆羽有白斑，较飞羽白斑大而显著；退化的飞羽有 2 块白斑，外侧尾羽污棕黄色杂黑小横斑。雌鸟：枕无红斑。

生境与习性 栖息于山地或平原森林中。主要以甲虫和蚂蚁为食。

留鸟。见于河北省内各地各种林间。张家口境内见于各县（区）。

保护级别 省级重点保护野生动物。

分布类型及区系 东洋型，古北种。

白背啄木鸟 | *Picodies leucotos* 英文名 White-backed Woodpecker （啄木鸟科 Picidae）

别名 叨木倌、大赤啄木

形态描述 体长220-250mm，喙铅灰色，跗蹠黑褐色，虹膜红色；体色似大斑啄木，上体以黑钯为主，下背及腰白色，颏至下胸白色纵纹明显，胸、腹和胁部有黑色纵纹。雄鸟头顶红色，翼下覆羽白色，雌鸟头顶黑色；头侧颊部锈棕色后延至颈侧。

生境与习性 栖于山地森林，在老阔叶树较多的林地更易见到，常单独或者成对活动。多在树干上活动取食。以木屑或树皮为材啄洞于树干营巢。窝卵3-6枚。卵白色无斑。主要以枯树皮下或浅木质部的害虫为食，也吃一些榛子、橡子和其他一些浆果。

留鸟，我省全境内匀有分布。张家口境内见于坝下山地森林。

保护级别 省重点保护动物。

分布类型及区系 古北型，古北种。

蚁䴕 | *Jynx torquilla* 英文名 Northern Wryneck （啄木鸟科 Picidae）

别名 歪脖蛇皮鸟

形态描述 体长170~190mm。角锥状。喙紫褐色；跗蹠淡灰色，虹膜黄褐色。似普通夜鹰。上体褐灰色，头至下背中央有一黑褐色纵纹；尾羽有5条黑色横斑，肩羽与三级飞羽具宽黑纵纹；飞羽外有栗色横斑。下体淡棕黄色杂黑细横斑，下胸和腹略带白色，有“V”形黑斑；翼下覆羽、胁、尾下覆羽沾棕黄色有黑色细横斑。

生境与习性 栖息于丘陵、低山的阔叶林和针阔混交林中，于树干上下活动。颈能似蛇一样转动，多于地面取食。主要以蚂蚁等昆虫为食。

夏候鸟。河北省内各地均有分布。张家口境内各县（区）均可见到。

保护级别 省级重点保护野生动物。

分布类型及区系 东洋型，广布种。

灰头绿啄木鸟 | *Picus canus* 英文名 Grey-headed Green Woodpecker （啄木鸟科 Picidae）

别名　嘣嘣木

形态描述　体长280mm左右。喙长如锥，暗绿灰色；跗蹠灰黑色，虹膜朱红色。雄鸟：头、颈灰色，额红色，眼先和髭纹黑色；上体灰绿色，飞羽暗黄绿色，初级飞羽外翈有白色横斑，尾上覆羽绿黄色；下体灰略带绿色，翼下覆羽白杂褐色横斑。雌鸟：额无红斑。

生境与习性　栖息于林间，常由树干到树枝上跳行啄取树干内的昆虫，能倒退跳行或到地面进行挖掘啄食。主要以树干内昆虫为食，亦食蚂蚁及其他昆虫，有时也吃植物种子和浆果等。

留鸟。河北省内各地匀有分布。张家口境内见于各县（区）。

保护级别　省级重点保护野生动物。

分布类型及区系　古北型，古北种。

雀形目

云雀 | *Alauda arvensis* 英文名 Skylark （百灵科 Alaudidae）

别名　叫天子、阿兰、黑叫天、朝天柱

形态描述　体长170~190mm。喙黑色，下喙基部黄褐色，虹膜深褐色，跗蹠肉红色。头顶羽毛可竖起如冠，眉纹淡棕色，耳羽棕褐色。上体沙褐色，有较宽黑褐色纵纹；尾羽色淡，有白端斑，最外1对尾羽近纯白色；下体白色，仅胸部淡棕色杂黑褐色纵纹。

生境与习性　栖息于草原和开阔的农田，特别是黑褐色沙质土壤地数量较多。高空中振翅飞行时鸣叫，极速垂直下落。地面营巢。杂食性，以植物种子为主，也食一些昆虫。

北部为夏候鸟。河北省内各地均有分布。张家口境内见于各县（区）。

保护级别　三有动物。

分布类型及区系　全北型，古北种。

短趾沙百灵 | *Calandrella cinerea* 英文名 Short-toed Lark （百灵科 Alaudidae）

别名 叫天子

形态描述 体长145~157mm。喙黄褐色，端近黑色；虹膜褐色，趾肉褐色。上体沙棕色具黑纵纹；眉纹白，耳羽褐，缘沙白色；三级飞羽长，收翅时覆盖初级飞羽；尾羽近黑色，最外侧两对具白斑；下体白色，两侧棕褐色，前胸两侧具黑纵纹。

生境与习性 栖于干旱的荒漠草地，冬季集群活动。营巢于地面凹处，内铺草茎和叶。每窝产卵3~4枚，卵黄褐色，具灰斑点，大小为(23~21)mm×(15~13)mm。以杂草种子、浆果、昆虫为食。

冬候鸟。河北省内见于坝上高原区。张家口境内见于坝上草原。

保护级别 三有动物。

分布类型及区系 中亚型，古北种。

角百灵 | *Eremophila alpestris* 英文名 Shore Lark （百灵科 Alaudidae）

别名 牛阿兰

形态描述 体长160~175mm。喙黑色，下喙基部黄色。虹膜褐色，趾黑色。雄鸟：头侧具黑色角状羽冠，额至眉前部、颏、喉和颈侧淡黄色，眼先和颊黑色；头顶至后颈褐色，上体茶褐色微具暗纵纹；胸至颈侧具新月形黑带斑；腹白色，微沾红色，胁有褐色纵纹。雌鸟：角状冠羽稍短，头侧黄色稍淡，背暗纵纹明显，胸部的黑斑小，稍淡。

生境与习性 栖息于山地、荒漠或草原，常集群活动。主要以植物种子和昆虫为食。

冬候鸟。见于河北省内坝上地区，丘陵地带及平原的一些干旱草原。繁殖见于坝上地区。张家口境内见于坝上草原区与低山丘陵区。

保护级别 三有动物。

分布类型及区系 全北型，古北种。

凤头百灵 | *Galarida cristata* 英文名 Crested Lark （百灵科 Alaudidae）

别名 阿鹨

形态描述 体长167~180mm。喙黄褐色，细长，下弯。上体沙褐色，具黑褐色纵纹。眉纹近白色，头顶具羽冠，中央几枚冠羽较长。中央尾羽与背同色，外侧尾羽具白斑。下体近白色，胸具褐色纵纹。

生境与习性 栖息于植被稀疏的草地、农田。冬季不集大群，一般以10只以内的小群活动。主要以草籽、谷物和昆虫为食。

留鸟。河北省内见于坝上地区，丘陵地带及平原的一些干旱草原。张家口境内见于坝上。

保护级别 三有动物。

分布类型及区系 不易归类型，古北种。

蒙古百灵 | *Melanocorypha mongolica* 英文名 Mongolia Skylark （百灵科 Alaudidae）

别名 百灵、百灵鸟

形态描述 体长170~200mm。喙黄色，缘铅色；虹膜褐色，跗蹠橘黄色。头顶两侧和后颈栗红色，中央枕纹棕黄色；眉纹后延至枕，棕白色。上体褐色，翼上覆羽栗褐色杂棕黄色纵纹，外侧尾羽黑褐色，具白端斑；喉白色，上胸具月牙形黑斑，环延至后颈；下体余部棕白色，胁栗色，飞翔时翼上有明显白斑。

生境与习性 栖息于丘陵、平原地带。善奔走，喜站石块、土堆上鸣叫，鸣时头顶羽毛竖起。在地面营巢，每年产卵两次。杂食性，主要以禾本科植物种子为食，繁殖期亦食昆虫。冬季结群活动。

冬候鸟。河北省内见于坝上地区，丘陵地带。张家口境内见于坝上草原区。

保护级别 省级重点保护野生动物。

分布类型及区系 中亚型，古北种。

毛脚燕 | *Delichon urbica* 英文名 House Martin （燕科 Hirundinidae）

别名 白腹毛脚燕、白腰燕

形态描述 体长110~150mm。喙黑色；跗蹠粉红色，被白色羽毛至趾；虹膜深褐色。上体仅腰白色，余部蓝黑具金属光泽；下体污白，尾羽褐色，头侧、颏、喉及尾下覆羽黑褐色。

生境与习性 栖息于岩崖地区。有时与家燕筑巢在一个屋檐下；喜营群巢，筑于楼房或平房的伞形屋檐下以及窗的两个上角处。主要以昆虫为食。

夏候鸟。河北省内各地均有分布。张家口境内见于山区有水域附近的岩崖处。

保护级别 三有动物。

分布类型及区系 古北型，古北种。

金腰燕 | *Hirundo daurica* 英文名 Golden-rumped Swallow （燕科 Hirundinidae）

别名 麻燕

形态描述 体长170~190mm。喙和跗蹠黑色，虹膜褐色。上体蓝黑色，具金属光泽，腰栗棕。叉状尾，尾羽黑褐色，外侧尾羽特长，尾下覆羽黑色；飞羽褐色，翼上覆羽黑色。下体棕白色，具黑褐色小纵纹。两胁棕色较深。

生境与习性 栖息于城镇建筑物附近以及从平原到海拔1500m左右的山区村落。在空中飞行捕食。主要以昆虫为食。

夏候鸟。遍布河北省内各地。张家口境内见于各县（区）。

保护级别 三有动物。

分布类型及区系 不易归类型，古北种。

家燕

Hriundo rustica
英文名 House Swallow （燕科 Hirundinidae）

别名 家叶、麻叶

形态描述 体长160~200mm。喙和跗蹠黑褐色，虹膜褐色。额、颏、喉及前胸栗红色，其后具不完整的黑褐色环状斑；腹下白色；上体黑色，具蓝金属光泽；尾羽及飞羽黑褐色，有蓝绿色金属光泽。叉尾，外侧尾羽特长。

生境与习性 栖息于从平原到低山区的居民点和城区中。在空中飞行捕食。主要以昆虫为食。

夏候鸟。遍布河北省内各地。张家口境内各县（区）均有分布。

保护级别 三有动物。

分布类型及区系 全北型，广布种。

崖沙燕

Riparia riparia
英文名 Sand Martin （燕科 Hirundinidae）

别名 灰沙燕、土沙燕

形态描述 体长120~130mm。喙黑褐色，虹膜褐色，趾黑褐色。上体暗褐色，下体污白，胸具“T”字形暗褐色斑；两胁灰褐色。

生境与习性 结群活动于水域地区。营巢于江河边的土崖上，多营群巢，在陆地硬质沙丘上营单个巢。凿洞筑巢，巢口直径6~7cm；巢为水平坑道状，深50~100cm，终端扩大。每窝产卵4~6枚，卵白色。以昆虫为食。

旅鸟。河北省内见于大型水域附近。张家口境内见于有大中型河流及库塘的县（区）。

保护级别 三有动物。

分布类型及区系 全北型，古北种。

岩燕

Ptyonoprogne rupestris
英文名 Crag Martin （燕科 Hirundinidae）

别名 石燕

形态描述 体长140-150mm。喙黑色；虹膜褐色；趾肉棕色。上体灰褐色；两翼和尾羽暗褐色；除中央及最外侧尾羽外，其余尾羽内翈均有大的圆白斑；下体色淡，颏、喉和上胸污白，下胸至尾由污白渐变为暗褐色；腹部中央黄褐色。

生境与习性 栖息于高山峡谷，多活动于山谷崖壁及干河谷，也在湖泊、河流上空活动觅食。以杂草、苔藓及羽毛于裸露山崖石壁的缝隙、凹进处和岩洞中营半碗状巢。窝卵3-5枚，卵白具褐色斑。空中飞行补食，食物以蚊、虻、甲虫和金龟子等为食。

夏候鸟。省内见于山区各县，张家口境内见于坝下山地的悬崖处。

保护级别 三有动物。

分布类型及区系 不易归类型，古北种。

红喉鹨

Anthus cervinus
英文名 Red-throated Pipit （鹡鸰科 Motacillidae）

别名 红喉地麻扎

形态描述 体长150~155mm。喙褐色，虹膜褐色，趾肉色。头、颈、胸红褐色；头至后颈有细黑纵纹；耳羽褐色；背灰褐色具黄白色和暗绿羽缘；尾羽黑褐色；腹皮黄色；胸、上腹和胁具明显黑褐色纵纹。

生境与习性 迁徙时见于林缘、道旁、草地、农田和水域边等较开阔的地方，成对或小群活动。以昆虫和杂草种子为食。

夏候鸟。见于河北省内各地。张家口境内见于各县（区）。

保护级别 三有动物。

分布类型及区系 古北型，古北种。

布氏鹨

Anthus godlenwskii
英文名 Blyth's Pipit （鹡鸰科 Motacillidae）

别名 布氏平原鹨

形态描述 体长180mm。喙短而尖，肉色；虹膜深褐色，趾偏黄色。尾较短，腿及后爪较短。上体纵纹较多，下体皮黄色。中覆羽羽端较宽，成清晰的翼斑。与田鹨叫声不同，体型较大，中覆羽斑纹不同。

生境与习性 喜栖于旷野、湖岸及干旱平原。营巢于地面，窝卵数4~5枚。以昆虫和杂草种子为食。

夏候鸟。见于河北省内各地，张家口境内见于山涧丘陵与河岸两侧的谷地。

保护级别 三有动物。

分布类型及区系 中亚型，古北种。

北鹨

Anthus gustavi
英文名 Petchora Pipit （鹡鸰科 Motacillidae）

别名 白背鹨

形态描述 体长140~150mm。喙暗褐色，下喙基部肉红色，虹膜褐色，趾肉红色。上体褐色，额、头顶和后颈具黑色条纹；背和腰具粗黑色中央斑和乳白色羽缘；喉和腹乳白色；胸皮黄色；胸、腹两侧有明显的黑纵纹；耳羽橄榄褐色，有较细的淡黄色眉纹。

生境与习性 栖息于山脚、草地、河谷和沼泽灌丛。营巢于地面草丛中，每窝产卵多为5枚，卵褐白色。以昆虫和杂草种子为食。

夏候鸟。河北省山区及坝上均有分布。张家口境内见于各县（区）。

保护级别 三有动物。

分布类型及区系 东北型，古北种。

树鹨

Anthus hodgsoni
英文名 Olive Tree Pipit （鹡鸰科 Motacillidae）

别名 树麻扎、麦加蓝儿

形态描述 体长150~160mm。喙黑褐色，趾肉色，虹膜褐色。上体绿褐色，头顶具细密的黑羽干纹。背具较粗、微显褐色纵纹；眉纹白色，耳羽褐色，后部有一白色斑。颏、喉及下体棕白色，胸和胁密布黑色纵纹。

生境与习性 栖息于林缘或较大的林间空地，为林区常见鸟类。早晨鸣叫为zi-zi-声，繁殖期叫声复杂，并能边飞边啭鸣。主要以昆虫为食，亦食杂草种籽。

夏候鸟。河北省境内各地均有分布。张家口境内见于各县（区）林缘。

保护级别 三有动物。

分布类型及区系 东北型，古北种。

田鹨 | *Anthus richardi* 英文名 Padd-field Pipit （鹡鸰科 Motacillidae）

别名 花鹨、大花鹨

形态描述 体长160~186mm。喙黑褐色，下喙基部肉色；虹膜褐色，趾肉色。额、头顶和后颈暗褐色。上体余部黄褐色，具黑色纵纹。眉纹黄白色，颊和耳羽褐色，喉黄白色；胸沙黄色具褐色纵纹；两胁黄褐色。下体余部白。

生境与习性 栖于林木较少的沼泽和草地。以枯草茎和草、叶营巢于地面，内铺兽毛。卵灰白色，具黑褐斑点，每窝产卵4~6枚。以昆虫为食，也吃植物种子。

夏候鸟。河北省内各地均有分布。张家口境内见于各县（区）。

保护级别 三有动物。

分布类型及区系 东北型，古北种。

水鹨 | *Anthus spinoletta* 英文名 Water Pipit （鹡鸰科 Motacillidae）

形态描述 体长150~165mm。喙暗褐色，虹膜褐色，趾黑色。上体灰褐色微具暗褐色纵纹；下体棕白色或浅棕色；胸部色较浓，繁殖期淡葡萄红色。雄鸟腹具暗色纵纹。

生境与习性 栖于低山丘陵、山脚平原、沼泽或溪流两岸附近。营巢于灌木及草丛。卵灰褐色，具黑褐斑点，每窝产卵4~5枚。以昆虫和植物种子为食。

夏候鸟。河北省内见于山地、丘陵及山前平原。张家口境内见于坝下各县（区）有河流、湖泊及沼泽湿地的区域。

保护级别 三有动物。

分布类型及区系 全北型，古北种。

白鹡鸰 | *Motacilla alba* 英文名 White Wagtail （鹡鸰科 Motacillidae）

别名 马兰花、白面鸟

形态描述 体长175~200mm。喙、跗蹠和趾黑色，虹膜褐色。上体由枕至尾黑色，翼上有大型白斑。额、头顶、头侧和喉白色。贯眼纹黑色。下体除胸具黑斑外，余部白色。尾羽黑色，最外侧2对尾羽白色。

生境与习性 栖于山脚、平原地带河流湖泊岸边和离水较近的农田、草地等地。主要以昆虫为食。

夏候鸟。河北省内各地均有分布。张家口境内见于各县(区)。

保护级别 三有动物。

分布类型及区系 不易归类型，古北种。

灰鹡鸰 | *Motacilla cinerea* 英文名 Grey Wagtail （鹡鸰科 Motacillidae）

别名 点水雀

形态描述 体长170~190mm。喙黑褐色，虹膜褐色，趾偏灰色。雄鸟：头及上体青灰色，眉纹白。夏羽：喉黑色，腰、尾上覆羽和下体黄色，冬季喉白色，下体偏白。雌鸟：喉白色，个别杂以黑色羽毛，头顶至后颈稍沾黄绿色；其他同雄鸟。

生境与习性 栖息于离水较近多种生境中。常与其他种鹡鸰同群觅食。主要以昆虫为食。

夏候鸟。河北省内见于各山地森林溪流处。张家口境内见于山地与丘陵区有溪流的森林。

保护级别 三有动物。

分布类型及区系 不易归类型，古北种。

黄头鹡鸰

Motacilla citreola
英文名 Yellow-headed Wagtail （鹡鸰科 Motacillidae）

别名 山雀

形态描述 体长160~180mm。喙、趾黑色，虹膜深褐色。雄鸟：上体背部灰色，两翼和尾黑色，翼上覆羽暗灰或黑色，羽缘白色，构成两条明显的翼斑；头和下体黄色，两胁沾绿色。雌鸟：头顶偏灰色，背偏褐色，两胁绿色较浓；其他同雄鸟。

生境与习性 栖息于离水较近的农田、草地、疏林等处。主要以昆虫为食。

夏候鸟。河北省内见于冀北与冀西山地和丘陵区。张家口境内见于各县（区）。

保护级别 三有动物。

分布类型及区系 古北型，古北种。

黄鹡鸰

Motacilla flava
英文名 Yellow Wagtail （鹡鸰科 Motacillidae）

别名 黄腹灰鹡鸰

形态描述 体长150~180mm。喙黑色，跗蹠和趾黑色，虹膜褐色。头顶灰色，上体橄榄绿色；尾羽黑褐色，最外侧2对尾羽具大块白斑；眉纹、喉黄色，耳羽黑褐色；翼上覆羽黑褐色，羽缘淡黄或白色，形成2道明显的翼斑。下体鲜黄或淡黄色。

生境与习性 栖息于近水域的疏林林缘、河谷、平原等地，属广布性种类。主要以昆虫为食。

夏候鸟。河北省内各地均有分布。张家口境内见于有水域的各县（区）。

保护级别 三有动物。

分布类型及区系 古北型，古北种。

山鹡鸰 | *Dendronanthus indicus* 英文名 Forest Wagtail （鹡鸰科 Motacillidae）

别名 树鹡鸰、车轱辘鸟

形态描述 体长160~170mm。上喙黑褐色，下喙较淡；趾偏粉色，虹膜灰色。上体橄榄绿色；尾上覆羽黑色，翼上有两道明显的白斑。眉纹白色。下体白色，胸有两道黑色横斑，前胸的一道在中部下延，后胸的一道在中间断开。

生境与习性 栖息于低山丘陵的次生阔叶林中。鸣叫为gaji-gaji-gaji声。主要以昆虫为食。

夏候鸟。河北省内见于各地山区有溪流的空地处。张家口境内见于各县（区）。

保护级别 三有动物。

分布类型及区系 不易归类型，古北种。

灰山椒鸟 | *Pericrocotus divaricatus* 英文名 Ashy Minivet （山椒鸟科 Campephagidae）

别名 灰燕

形态描述 体长190~200mm。喙黑色，虹膜褐色，趾黑色。雄鸟：头顶后部和贯眼纹黑，额和头顶前部白色；飞羽和中央尾羽黑色；飞羽近基部有一白横斑，上体余部灰色；下体除两胁淡灰色外，余部白色。雌鸟：头顶至后颈灰色，飞羽和尾羽色浅；其余同雄鸟。

生境与习性 栖于山地或平原树林中。营巢于高树上。巢用苔藓、地衣等筑成碗状。每窝产卵3~4枚，卵灰白色，具淡紫色斑点，大小约为21mm×15mm。以昆虫为食。

夏候鸟。河北省内见于山地森林与平原大面积森林中。张家口境内见于坝下各县（区）山地森林。

保护级别 三有动物。

分布类型及区系 东北型，古北种。

白头鹎 | Pycnonotus sinensis 英文名 Chinese Bulbul （鹎科 Pycnonotidae）

别名 白头翁

形态描述 体长180~190mm。喙近褐色，跗蹠黑或黑褐色，虹膜褐色。头顶黑色，眼上方至枕后白色；上体灰褐色具淡黄绿色纵纹；颏、喉白色，胁、胸灰褐色；腹白色，微具黄绿色纵纹。尾黑褐色，羽缘绿黄色。飞羽黑褐色。

生境与习性 栖于丘陵或平原疏林、灌丛等处。主要以植物果实及种子为食。

夏候鸟。河北省内见于山区林缘。张家口境内见于坝下各县（区）森林。

保护级别 省级重点保护野生动物。

分布类型及区系 南中国型，东洋种。

太平鸟 | *Bombycilla garrulous* 英文名 Waxwing （太平鸟科 Bombycillidae）

别名 十二黄、黄连鸟

形态描述 体长170~200mm。喙近褐色，跗蹠褐色，虹膜褐色。额、头侧栗红色，枕部有褐色羽冠，具黑贯眼纹，后延至羽冠下。颏、喉黑色，颈、背褐色，腰、尾上覆羽灰，尾羽12枚，有黄端斑；初级飞羽黑，近基部具白斑，端部具黄端斑；次级飞羽棕褐色，羽干延伸突出，羽片成蜡滴状，有鲜红羽干斑。胸褐色，腹灰白色，尾下覆羽黄色。

生境与习性 栖于平原与低山的针阔混交林近处。以植物果实及种子为食。

冬候鸟或旅鸟。河北省内各地均有分布。张家口境内各县（区）均有分布。

保护级别 省级重点保护野生动物。

分布类型及区系 全北型，古北种。

小太平鸟 | *Bombycilla japonica* 英文名 Japanese Waxwing （太平鸟科 Bombycillidae）

别名 十二红、朱连鸟

形态描述 体长160~190mm。喙近黑色，跗蹠褐色，虹膜褐色。额、头顶前部及侧面栗红色，枕有褐红色冠羽，黑色贯眼纹由喙基后延至羽冠下部成羽冠的一部分；颏、喉黑色，颈、背褐色，腰和尾上覆羽灰色，初级飞羽和次级飞羽黑褐色，次级飞羽外缘大覆羽羽缘、尾羽端部有红斑，尾羽12枚。胸褐色，腹黄色，尾下覆羽红色。

生境与习性 栖息于海拔1100m针阔混交林附近。以植物果实和种子为食。

夏候鸟或旅鸟。河北省内各地均有分布。张家口境内见于坝下山地针叶林或针阔混交林。

保护级别 省级重点保护野生动物。

分布类型及区系 东北型，古北种。

牛头伯劳 | *Lanius bucephalus* 英文名 Bull-headed Shrike （伯劳科 Laniidae）

形态描述 体长190~210mm。喙黑褐色，跗蹠及趾铅灰色，虹膜深褐色。头顶褐色，尾端白色，飞行时初级飞羽基部白块斑明显。雄鸟：头栗红色至后颈，贯眼纹黑色，白眉纹后延，至背、肩、腰及尾上覆羽渐为褐灰色；飞羽黑褐色，具棕羽缘，翼上有白斑，中央尾羽黑色，其他尾羽浅黑灰色；下体白，两胁及体侧棕黄色。雌鸟：贯眼纹栗褐色,眉纹窄,翼上无白斑，上体栗褐色，下体有明显的棕色波状细横斑。

生境与习性 栖息于海拔1200~2000m的阔叶林内。多营巢于乔木及灌木上。单独活动。以昆虫为食，有时也食一些小型鸟兽。

夏候鸟。见于冀北、冀西山地的阔叶林内。张家口境内见于坝下山地森林。

保护级别 省级重点保护野生动物。

分布类型及区系 东北—华北型，古北种。

红尾伯劳 | *Lanius cristatus* 英文名 Red-tailed Shrike （伯劳科 Laniidae）

别名 虎伯拉、褐伯劳

形态描述 体长180~200mm。喙铅黑色，跗蹠灰黑色，虹膜褐色。雄鸟：上体栗褐色，外侧尾羽较短，呈凸形尾；贯眼纹黑色，直至耳羽，眉纹白色或淡棕色，翼上覆羽似背羽灰褐色；飞羽褐色，颏、喉白，下体棕白色。雌鸟：背腹均有暗色不规则鳞状纹，贯眼纹黑褐色。

生境与习性 栖息于低山林缘，有灌丛的草地及人工林中。营巢于矮小的树上或灌木上。以昆虫为食。

夏候鸟或留鸟。河北省内各地均有分布，张家口境内各县（区）均有分布。

保护级别 三有动物。

分布类型及区系 东北—华北型,古北种。

灰伯劳 | *Lanius excubitor* 英文名 Great Grey Shrike （伯劳科 Laniidae）

形态描述 体长230~255mm。喙黑褐色，跗蹠及趾淡黑色，虹膜褐色。北方亚种 *L.e.sibiricus* 雄鸟：上体褐灰色，尾上覆羽灰白色；翼黑，初级飞羽基部白色，在翼上成为白色块斑；中央尾羽黑色，外侧尾羽近纯白，具黑贯眼纹和白眉纹，下体灰白色。雌鸟：上体褐色较浓，与雄鸟极相似。东北亚种 *L. e. mollis* 上体体色较灰，下体灰白色，微有细横斑。

生境与习性 栖于海拔1100m以下次生阔叶林、疏林和开阔灌木林中。营巢于小乔木和灌木枝头。常尾随小型鸟类南迁。以昆虫为食，有时也取食小型鸟类。

夏候鸟或留鸟。河北省内见于山区林缘。张家口境内见于坝下各县（区）山地林缘。

保护级别 三有动物。

分布类型及区系 全北型，古北种。

楔尾伯劳 | *Lanius sphenocercus* 英文名 Long-tailed Grey Shrike （伯劳科 Laniidae）

别名 虎伯拉、山虎伯拉

形态描述 体长280~310mm。喙灰色，下喙基部淡灰色，跗蹠及趾黑色，虹膜褐色。从头顶至尾上覆羽灰色，翼黑色，初级飞羽和次级飞羽基部白色，在翼上具大白块斑；中央尾羽黑色，外侧尾羽白色，有黑贯眼纹和白眉纹，下体白色。雌鸟：羽色似雄性，胸和胁微具鳞纹。

生境与习性 栖息于海拔1100m以下的阔叶林、针阔混交林。在矮乔木上营巢。主要以甲虫、小型啮齿类、两栖爬行类为食。

夏候鸟或留鸟。河北省内见于山区和丘陵地带。张家口境内见于坝下各县（区）丘陵区与山地林缘。

保护级别 省级重点保护野生动物。

分布类型及区系 东北型，古北种。

虎纹伯劳

Lanius tigrinus
英文名 Tiger Shrike （伯劳科 Laniidae）

形态描述 体长165~190mm。喙铅黑色，跗蹠及趾灰色，虹膜褐色。雄鸟：具黑宽贯眼纹，从头顶到后颈蓝灰色，飞羽暗褐色，外缘栗棕色，上体余部栗褐色，具黑褐波状横斑；下体白色，胁杂蓝灰色，尾羽棕褐色，横斑不显；外侧尾羽具灰白端斑。雌鸟：贯眼纹黑褐且不延至额，头灰色，上体色较淡，下体两侧具黑褐色细波状横斑。

生境与习性 栖于丘陵和开阔阔叶林中，在灌丛和矮小的乔木上营巢。主要以昆虫为食。

夏候鸟。河北省内各地均有分布。张家口境内见于各县（区）山地丘陵及开阔的森林中。

保护级别 省级重点保护野生动物。

分布类型及区系 东北—华北型，广布种。

灰椋鸟

Sturnus cineraceus
英文名 Ashy Starling （椋鸟科 Sturnidae）

别名 高粱头

形态描述 体长230~240mm。喙橙红色，尖端黑；趾橙红色，虹膜偏红色，头顶、后颈及颈侧黑色，额杂白羽毛，头侧白色具黑色羽丝；体羽灰褐色，次级飞羽外翈白，在翼上形成大白斑；颏白色，喉、前颈和前胸黑色；后胸、胁和腹淡灰色；尾下覆羽白色。雌鸟：体羽偏褐色，缺少金属光泽。

生境与习性 群栖性鸟类。主要栖息于开阔的山林地带、林缘、平地疏林。杂食性鸟类。以昆虫、浆果和种子等为食。

在河北省南部地区为留鸟，北部地区为夏候鸟。省内各地均有分布。张家口境内见于各县（区）。

保护级别 三有动物。

分布类型及区系 东北—华北型，古北种。

北棕鸟

Sturnus sturninus
英文名 Daurian Starling （棕鸟科 Sturnidae）

别名 燕八哥

形态描述 体长165~180mm。喙黑褐色，下喙基部蓝白色，趾黄绿色，虹膜褐色。雄鸟：头、颈、胸和腹浅灰色，枕部具一紫黑块斑；背和肩紫黑色，肩羽外侧具棕白色羽端，翼上有浅色横带；初级飞羽绿黑色，外翈具黄褐羽缘，在翼上形成浅斑；次级飞羽绿黑色，外翈近基部具黄褐斑；尾上覆羽棕白色，尾羽黑，尾下覆羽棕褐色。雌性：枕部斑块和背偏褐色。

生境与习性 栖息于开阔的林地、灌丛、平地疏林。杂食性鸟类，主要以昆虫为食，亦食杂草种子。

夏候鸟。河北省内见于各地林地及灌丛。张家口境内多见于坝下各县（区）开阔林地。

保护级别 省级重点保护野生动物。

分布类型及区系 东北—华北型，古北种。

黑枕黄鹂

Oriolus chinensis
英文名 Black-naped Oriole （黄鹂科 Oriolidae）

别名 黄莺

形态描述 体长245~270mm。喙粉红色，虹膜红色，趾褐色。雄鸟：体羽鲜黄色；黑贯眼纹后延至枕部；飞羽黑色，初级飞除第一枚外，外翈具黄白色边缘；次级飞羽外翈黄白色边缘较宽，三级飞羽几乎全黄色；中央尾羽黑色，其他尾羽具黄端斑。由内向外黄斑渐大。雌鸟：与雄鸟相似，羽色偏绿；贯眼纹较细。

生境与习性 栖息于山区、平原的乔木林中。营巢于乔木近梢水平枝杈上，呈吊篮式，由麻、碎纸、棉絮、草茎等筑成。每窝产卵2~4枚，卵粉红色，具紫红色斑点。主要以昆虫为食，也吃浆果。

夏候鸟。河北省各地均有分布。张家口境内见于各县区森林中。

保护级别 省级重点保护野生动物。

分布类型及区系 东洋型，广布种。

褐河乌 | *Cinclus pallasii* 英文名 Brown Dipper （河乌科 Cinclidae）

别名 小老鸹

形态描述 体长190~230mm。喙黑褐色，虹膜褐色，趾黑褐色。雄鸟：通体黑褐色，上体羽毛具棕色羽缘；腹中央至尾下覆羽稍黑。雌鸟：全身羽色浅淡。幼鸟：全身具白色斑点。

生境与习性 栖息于山区溪流间，善潜水。以苔藓筑球形巢于近水石缝、树根下，侧面开口，内铺干草。每窝产卵4~6枚，卵粉白色，大小为25mm×17mm。以小鱼、水生昆虫、陆生昆虫为食。

留鸟。河北省内见于各山区县。张家口境内见于坝下各县（区）。

保护级别 三有动物。

分布类型及区系 东洋型，古北种。

鹪鹩 | *Troglodytes troglodytes* 英文名 Winter Wren （鹪鹩科 Troglodytidae）

别名 山蝈蝈

形态描述 体长85~100mm。喙暗褐色，虹膜褐色，趾肉褐色。上体棕褐色，具黑色横纹；下体浅棕褐色，具黑褐色横纹；眉纹棕白色。幼鸟：色较深，黑色横纹明显。

生境与习性 栖息于潮湿阴暗的河谷、林间溪谷、林间空地和林缘地带。营巢于倒木、根穴和石缝中，巢用细树枝、苔藓等交错构成圆屋顶状。每窝产卵4~6枚，卵白色，具红褐色细斑，大小约为16mm×12mm。以昆虫为食。

留鸟。河北省内见于各县（区）山地溪流河谷。张家口境内见于坝下各县（区）。

分布类型及区系 全北型，古北种 。

渡鸦 | Corvus corax 英文名 Raven （鸦科 Corvidae）

别名 老鸹

形态描述 体长630~690mm。喙黑色，较长，上喙向上隆起；虹膜深褐色，趾黑色。通体黑色，带有紫色和蓝色金属光泽；喉、前胸羽毛呈锥针形。

生境与习性 栖息于山区开阔地带，多成对活动，具领域性，有结群现象。以干树枝、木材碎片、枯草等营巢于高大乔木上和悬崖的凹进处。每窝产卵3~7枚，卵浅绿或褐绿色，具暗点斑。以植物种子、浆果、小型啮齿动物为食，也食腐尸。

夏候鸟。见于河北省内北部地区。张家口境内见于坝上林缘。

保护级别 三有动物。

分布类型及区系 全北型，广布种。

小嘴乌鸦 | Corvus corone 英文名 Carrion Crow （鸦科 Corvidae）

别名 细嘴乌鸦

形态描述 体长450~520mm。喙黑色，稍细而短；趾黑色，虹膜褐色。体羽黑色，上体具紫蓝光泽，下体暗而无光。喉和胸羽毛呈矛尖状。幼鸟：体羽略带褐色，无光泽。

生境与习性 栖息生境广泛，喜欢结群，也与其它乌鸦混群。鸣叫声混浊，似ga-ga-声，鸣叫时，鼓腹垂尾，头似行礼。以树枝在大树上筑碗状巢，内铺枯草和兽毛等。每窝产卵3~7枚，卵青绿具灰褐色斑点，大小（36~49）mm×（28~32）mm。以农作物种籽为食。

留鸟。河北省内各地均有分布。张家口境内见于各县（区）。

保护级别 三有动物。

分布类型及区系 全北型，古北种。

达乌里寒鸦 | *Corvus dauurica* 英文名 Daurian Jackdaw （鸦科 Corvidae）

别名 寒鸦

形态描述 体长320~330mm。喙、趾黑色，虹膜深褐色。体羽除后颈、颈侧、胸和腹白色外，均为黑色并具有紫色光泽，但耳羽和枕部杂有白色细斑纹，肛区羽毛具白色羽缘。幼鸟：体羽无白色，无光泽。

生境与习性 主要栖息在山区，冬季也结群到平原地带，常与其他鸦类混群。鸣叫急促、尖锐如garp、garp声。主要以昆虫为食，也吃一些植物种子。

留鸟。见于河北省内坝上和北部山区及北戴河一带。张家口境内各县（区）均可见到。

保护级别 三有动物。

分布类型及区系 古北型，古北种。

秃鼻乌鸦

Corvus frugilegus
英文名 Rook （鸦科 Corvidae）

别名 老鸹凤鸦

形态描述 体长445~475mm。喙黑色，基部裸露，被以灰白色皮膜；趾黑色，虹膜深褐色。通体黑色，上体具紫、蓝、绿金属光泽。幼鸟：体羽无光泽，喙基被羽。

生境与习性 栖息于低山、平原的近水域地带，喜群居。冬季常与其他鸦类混群。鸣叫为kaw、kaw声。杂食性鸟类，如植物种籽、果实及昆虫等。喜营群巢，巢多建在高大阔叶树的顶部。

留鸟。见于河北省内北部山区。张家口境内各县（区）均有分布。

保护级别 三有动物。

分布类型及区系 东北型，古北种。

大嘴乌鸦

Corvus macrorhynchos
英文名 Large-billed Crow （鸦科 Corvidae）

别名 巨嘴鸦

形态描述 体长460~540mm。喙黑色甚粗厚，上喙隆起明显；虹膜褐色，趾黑色。额突起。体羽全黑，上体除头和颈外，均具有绿金属光泽。翼和尾具紫色光泽，下体暗褐带灰绿色，几无光泽。

生境与习性 栖于山区和平原、农田。喜集群，也常与其他乌鸦混群。性机警，通常呈直线飞行，两翼鼓动缓慢而有规律，也能滑翔如鹰。鸣叫似a-、a-声。杂食性鸟类，主要农作物种籽为食，也吃甲虫等昆虫。

留鸟。河北各地均有分布。张家口境内各县（区）均有分布。

保护级别 三有动物。

分布类型及区系 季风型，广布种。

寒鸦 | Corvus monedula 英文名 Eurasian Jackdaw （鸦科 Corvidae）

别名 慈乌、侉老鸦、麦鸦、小山老鸹

形态描述 体长370mm。体羽黑灰色。虹膜蓝色，喙、趾黑色。喙细小且短。与家鸦区别在于本种体型较小。幼鸟：具深色眼纹及深灰色区域但耳羽无银色细纹。

生境与习性 栖于林地、沼泽地、多岩地区、城镇及村庄。喜群栖，野外常与秃鼻乌鸦混群。在树洞、峭壁和高建筑上成群繁殖。主要以昆虫为食，也食植物种子。

留鸟。河北省内北部地区均有分布。张家口境内见于各县（区）。

保护级别 三有动物。

分布类型及区系 古北型，古北种。

白颈鸦 | Corvus torquatus 英文名 Collared Crow （鸦科 Corvidae）

别名 玉颈鸦、白脖乌鸦

形态描述 体长460~540mm。喙黑；虹膜深褐色，趾黑色。体羽除后颈、背、颈侧到后胸连接成白色环外，其余体羽全黑而具蓝紫金属色光泽。幼鸟：浅黑无光，白色环圈不明显。

生境与习性 栖息于山地、平原。喜结群或混群。营巢于高大乔木或岩石间，以干枝混泥土构成。每窝产卵3~7枚，卵蓝绿色，具深灰褐色块、点、棒状斑，大小为45mm×33mm。以昆虫和植物种子为食。

留鸟。河北省分布于北部山区及坝上高原。张家口境内多见于坝上地区。

保护级别 三有动物。

分布类型及区系 南中国型，广布种。

灰喜鹊

Cyanopica cyana
英文名 Azure-winged Magpie （鸦科 Corvidae）

别名 山斜雀、长尾鹊

形态描述 体长 350~400mm。喙黑色，跗蹠和趾黑色，虹膜褐色。头顶、头侧和枕部黑具蓝色金属光泽。后颈至尾上覆羽灰褐色。尾灰蓝，中央 1 对尾羽最长且端部白色。翼天蓝色。颏、喉白色，下体余部青灰色。

生境与习性 栖息类型较广。杂于树上、地面及树干上取食，食性杂。主食昆虫，也食种子和浆果。

留鸟。河北省内除坝上地区外各地均有分布。张家口境内见于涿鹿、蔚县、怀来、宣化等坝下等县（区）。

保护级别 省级重点保护野生动物。

分布类型及区系 古北型，古北种。

松鸦

Garrulus glandarius
英文名 Eurasian Jay （鸦科 Corvidae）

俗名 山和尚

形态描述 体长 285~350mm。喙黑褐色，虹膜浅褐色，趾肉色。头顶、头侧、后颈、颈侧、上背和肩羽棕褐。头顶具黑纵纹，眼周与颚纹黑，后背到腰灰沾棕色，尾上覆羽白色，尾黑色。飞羽黑色具白块斑，三级飞羽紫而端黑，翼具蓝黑白 3 色相间横斑；喉灰白色，胸和腹淡棕褐色，尾下覆羽灰白色。幼鸟：上体棕色达整个背部，颏、喉与尾下覆羽深灰色，胸腹棕色，无金属光泽。

生境与习性 栖息多灌丛的阔叶林。杂食性。夏季食昆虫，或盗食其他小鸟的卵和雏。冬季吃浆果和种籽。有埋藏种子的习性，对柞树的传播有作用。

留鸟。河北省内见于山区各种森林中。张家口境内各县（区）均有分布。

保护级别 三有动物。

分布类型及区系 全北型，广布种。

星鸦

Nucifraga caryocatactes
英文名 Nutcraker
（鸦科 Corvidae）

别名 葱花儿

形态描述 体长320~345mm。喙黑色，虹膜深褐色，趾黑色。额、头顶、枕和尾上覆羽黑褐色，翼和尾黑褐具蓝金属光泽；尾羽端部具白斑，尾下覆羽白色；体羽多黑褐色，头侧和颈具白条纹；背和腹具白圆斑。幼鸟：色淡，白斑不显，仅具白色羽干纹。

生境与习性 多见于山地针叶林，冬季常结群。以树枝、松针、草茎和地衣等营巢于针叶树上。每窝产卵3~4枚，卵绿白或浅蓝色，具黄斑点。主要以针叶树种子为食，也食浆果和昆虫。

留鸟。河北省内山地森林均有分布。张家口境内见于山区。

保护级别 三有动物。

分布类型及区系 东北型，古北种。

喜鹊

Pica pica
英文名 Black-billed Magpie
（鸦科 Corvidae）

别名 斜雀子

形态描述 体长410~520mm。喙、趾黑色，虹膜褐色。体羽除肩和腹白色外，全为黑色，两翼和尾具蓝色金属光泽。尾长，呈楔形。

生境与习性 主要栖息于平原和半山区，林区偶见。鸣叫为qiak、qiak声，单调而明朗，边叫边上下摆尾。杂食性，主要以昆虫、种子、浆果等为食，亦食小鸟的卵和雏。

留鸟。河北省内各地均有分布。张家口境内各县（区）有分布。

保护级别 省级重点保护野生动物。

分布类型及区系 全北型，古北种。

红嘴山鸦 | *Pyrrhocorax pyrrhocorax* 英文名 Red-billed Chough （鸦科 Corvidae）

别名 红鸦

形态描述 体长370~470mm。喙红色，短而下弯；趾红色，虹膜偏红色。通体黑色，具蓝色光泽，翼和尾光泽偏绿。幼鸟：羽色偏褐，少光泽，喙、趾褐色。

生境与习性 山地鸟类，主要栖息于次生林和裸露的石山等，有时也到平原或农田活动。有时也与其他鸦类混群。杂食性鸟类。主要以昆虫为食，有时也吃花生、高粱等植物种子。

留鸟。分布于河北省内山地上部山颠上的悬崖处。张家口境内见于各县（区）山地。

保护级别 三有动物。

分布类型及区系 东北型，古北种。

红嘴蓝鹊 | *Cissa erythrorhyncla* 英文名 Red-billed Blue Magpie （鸦科 Corvidae）

别名 红链子

形态描述 体长560~680mm。喙、跗蹠、趾和虹膜红色。额、头侧、颈侧、喉及前胸黑，头顶到上背黑色，具有青灰羽端，背、肩和腰紫灰色，尾上覆羽灰白色，具黑色横端斑，尾羽青灰色，羽端白色，除中央尾羽外，其他尾羽还有黑次端斑；翼暗灰色，后胸、腹和尾下覆羽灰白色。

生境与习性 主要栖息于山地森林中，也活动于附近的农田中。飞行呈波状。于高大的树木上营巢。杂食性，以昆虫和植物果实、种子为食。

留鸟。河北省内山区均有分布。张家口境内见于南部山区。

保护级别 省级重点保护野生动物。

分布类型及区系 东洋型，东洋种。

白腹蓝姬鹟

Cyanoptila cyanomelana
英文名 Blue-and-white Flycatcher （鹟科 Muscicapidae）

别名 白腹姬鹟

形态描述 体长115~170mm。喙黑褐色，跗蹠及趾铅黑色，虹膜褐色。雄性：上体青蓝色，头侧、颏、喉和前胸黑色，下体余部白色；外侧尾羽基部白；胸黑色与白色腹分界明显。雌性：上体灰褐色，两翼及尾褐色；颏、喉白色，胸、腹两侧淡褐色，下体余部白。

生境与习性 栖息于山地和平原的疏林、灌丛间，常单独活动。以昆虫为食。

旅鸟。河北省内各地均有分布。张家口境内见于坝下各县（区）。

分布类型及区系 东北型，古北种。

鸲姬鹟

Ficedula mugimaki
英文名 Robin Flycatcher （鹟科 Muscicapidae）

别名 红燕

形态描述 体长126~132mm。喙黑色，虹膜深褐色，趾深褐色。雄鸟：头和上体黑色，翼上有大形白斑；尾羽除中央两枚外基部白色；眼后上方有白短眉纹；下体前部橙红色，后部白色。雌鸟：上体灰褐沾绿色；无眉纹，翼上白斑细微显；下体前部橙黄色，后部白色。

生境与习性 栖于针叶林或针阔叶混交林中，云冷杉林中常见。营巢于树的枝杈间，巢由细枝、苔藓、干叶等构成。每窝产卵4~8枚，卵淡绿色，具红褐色斑点，大小为14mm×12mm。以昆虫为食。

旅鸟或夏候鸟。河北省内见于山地森林。张家口境内见于各山地县。

保护级别 三有动物。

分布类型及区系 东北型，古北种。

红喉姬鹟 | *Ficedula parva* 英文名 Red-throated Flycatcher （鹟科 Muscicapidae）

别名 黄点颏

形态描述 体长115~132mm。喙黑色，虹膜深褐色，趾黑色。雄鸟：上体与头侧灰黄褐色；中央尾羽褐黑色，外侧尾羽基部白色；颏和喉橙红色（秋季白色）；胸和两胁棕灰色，腹和尾下覆羽白色。雌鸟：比雄鸟色淡；颏、喉白色。

生境与习性 栖息于各种林型中。营巢于树洞中。每窝产卵5~6枚，卵淡绿色，具有褐色斑点。以昆虫为食。

旅鸟或夏候鸟，河北省内各地均有分布。张家口境内见于坝下各县（区）。

保护级别 三有动物。

分布类型及区系 古北型，古北种。

白眉姬鹟 | *Ficedula zanthopygia* 英文名 Tricolor Flycatcher （鹟科 Muscicapidae）

别名 鸭蛋黄

形态描述 体长113~136mm。喙黑色。雄鸟：上体多黑色，下背和腰鲜黄色，翼上有大白斑，眉纹白色；下体鲜黄，喉和胸黄色较浓，尾下覆羽白。雌鸟：上体暗灰黄色，无眉纹；下体黄白色，喉、胸有鳞状横斑纹；其余同雄鸟。

生境与习性 栖息于阔叶林或针阔混交林。喜边飞边叫。用苔藓、干草、树叶等筑巢于树洞中。产卵4~7枚，呈白或略沾乳黄的粉红色，有橘红斑点。以昆虫为食。

夏候鸟或旅鸟。河北省内见于山地森林。张家口境内见于坝下各山区县及坝上森林。

保护级别 三有动物。

分布类型及区系 东洋型，广布种。

灰纹鹟

Muscicapa griseisticta
英文名 Grey-streaked Flycatcher （鹟科 Muscicapidae）

别名 灰斑鹟、斑胸鹟

形态描述 体长140~145mm。喙黑色，虹膜褐色，趾黑褐色。上体灰褐色，头顶有暗羽干纹；飞羽和尾羽黑褐色，翼上有白色窄横带（有时不明显）。眼周白色。下体污白色，胸部有较粗的深褐色纵纹。

生境与习性 栖息于阔叶林或针阔混交林中。以苔藓、树皮混入草茎、草根等筑皿形巢于树木水平侧枝上。每窝产卵3~5枚，卵青绿具灰白色斑纹，大小约17mm×13mm。以昆虫为食。

旅鸟。河北省内迁徙季节见于山地森林。张家口境内见于坝下各县（区）。

保护级别 三有动物。

分布类型及区系 东北型，古北种。

北灰鹟

Muscicapa dauurica
英文名 Brown-breasted Flycatcher （鹟科 Muscicapidae）

俗名 阔（宽）嘴鹟

形态描述 体长103~143mm。嘴黑褐色，下嘴基部稍淡；虹膜褐色，趾黑褐色。上体及头侧淡灰褐色；头顶羽色较深；翼褐色；尾羽黑褐色。眼周和眼先白色。颏、喉、腹和尾下覆羽白色，胸灰白色。幼鸟：上体偏褐色，有橙黄色斑纹；下体白色，喉、胸和腹侧具深色斑纹。

生境与习性 栖于树木中下层。营巢于阔叶树枝杈上。每窝产卵4~5枚，卵青绿色，具红褐斑点。以昆虫为食。

夏候鸟或旅鸟。河北省内见于近水域的森林。张家口境内见于各县（区）山地森林及水域附近灌丛。

保护级别 三有动物。

分布类型及区系 古北型，古北种。

乌鹟

Muscicapa sibirica
英文名 Sooty Flycatcher（鹟科 Muscicapidae）

别名 鲜卑鹟

形态描述 体长107~153mm。上喙黑褐色，下喙基部淡。上体和头、颈两侧乌灰褐色。头顶中央黑褐色。眼先和眼周微白。翼上有1条淡褐色窄横带。尾羽黑褐色。下体污白色；胸及两胁灰褐色。幼鸟：上体灰褐杂白斑，下体有褐色斑。

生境与习性 栖息于阔叶林或针阔混交林中，很少到地面活动。以干草筑成杯状巢于阔叶树杆杈间。每窝产卵4~6枚，卵淡绿色，具深色斑点，大小为17mm×12mm。以昆虫为食。

旅鸟。河北省内各地均可见于。张家口境内各县（区）迁徙季节均可见到。

保护级别 三有动物。

分布类型及区系 东北型，古北种。

寿带

Terpsiphone paradise
英文名 Paradise Flycatcher（王鹟科 Monarchidae）

形态描述 体长170~490mm。喙蓝灰色，端部黑色，跗蹠及趾蓝色，虹膜褐色。眼周裸露部蓝色，冠羽紫褐色，头、颈黑色，有蓝色金属光泽；雄鸟：有两种色型，栗色型上体栗红略带紫，胸和胁灰色，腹白，中央尾羽特长；白色型除头颈黑色外，体羽全白，有黑色羽干纹。雌鸟：上体羽淡栗红色，冠羽短小，头颈及冠羽黑褐色，具蓝紫色金属光泽，胸黑灰色，腹乳白色，中央尾羽较短。

生境与习性 栖于山区，低山丘陵的疏林中，平原乔木林及灌丛中也有活动。以昆虫为食。

夏候鸟或旅鸟。河北省内见于山区的疏林中。张家口境内见于坝下各县（区）。

保护级别 三有动物。

分布类型及区系 东洋型，广布种。

白腹短翅鸲 | *Hodgsonius phoenivuroides* 英文名 White-bellied Redstart （鸫科 Turdidae）

别名 短翅鸲

形态描述 体长170~190mm。喙棕黄色，喙角褐色，虹膜褐色，趾橄榄铅色。雄鸟：上体铅灰蓝色，小翼羽黑色具白端斑；头侧、颏、喉、胸铅灰蓝色具淡棕色羽缘；腹部白色，胁浅灰蓝色。

生境与习性 栖息于山地灌丛间。以昆虫、杂草种子等为食。

留鸟或夏候鸟。河北省内分布于冀北、冀西、冀东山地。张家口境内见于坝下各县（区）山地。

分布类型及区系 喜马拉雅—横断山区型，东洋种。

蓝歌鸲 | *Luscinia cyane* 英文名 Siberian Blue Robin （鸫科 Turdidae）

别名 蓝靛冈

形态描述 体长127~140mm。喙黑色。雄鸟：上体铅蓝色；眼先和颊黑色，颊后有1条黑纹沿颈侧后延至胸侧；耳羽近黑色，颈侧深蓝色；下体纯白色。雌鸟：上体橄榄褐色，仅腰和尾上覆羽蓝色，尾羽不同程度沾蓝色，颏、喉淡棕近白色，下体余部白色。

生境与习性 栖于各种林地，繁殖期多见于近水疏林和灌丛。鸣叫清脆婉转，似chuck、chuck声。地面营巢。主要以昆虫为食。

夏候鸟。见于河北省内各地。张家口境内见于各县（区）。

保护级别 三有动物。

分布类型及区系 东北型，古北种。

日本歌鸲 | Luscinia akahige 英文名 Japanese Robin （鸫科 Turdidae）

形态描述 体长130~150mm。虹膜黑褐色，喙暗褐色，跗蹠和趾棕灰色。雄鸟：额、头、颏、喉及上胸橙棕色；背、翼褐色，胸具黑横带，下胸及胁蓝灰色具鳞状斑；腹、尾下覆羽白色，尾栗红色。雌鸟：额、眼先、颏、喉棕黄色，胸部无黑横带。

生境与习性 栖息于针叶林、阔叶林、疏林、林缘。多在林下灌丛或地面上活动。喜在山涧溪流、河谷沿岸地带单独或成对活动觅食。以昆虫为食。

夏候鸟。河北省内山区森林、近水域林地及灌丛均有分布。张家口境内见于坝下山地森林与灌丛。

保护级别 三有动物。

分布类型及区系 东北型，古北种。

红喉歌鸲 | Luscinia calliope 英文名 Siberian Rubythroat （鸫科 Turdidae）

别名 红点颏、野鸲

形态描述 体长150~160mm。喙黑褐色；跗蹠及趾浅褐略显粉色；虹膜褐色。雄鸟：上体橄榄褐色，头顶和额微有棕褐色光泽；眉纹与颚纹白，眼先黑，颏、喉鲜红色，周围黑色；胸灰褐色，腹白色略显沙褐色，两胁和肛周沙褐色，雌鸟：与雄鸟相似，但体色较淡，颏和喉白色，有的个体淡红色，杂白羽。

生境与习性 栖息于低山丘陵，林缘灌丛和林中开阔空地。营巢于灌丛中，地面巢。以昆虫为食，偶尔也食植物碎叶。

夏候鸟。河北省内见于各山区县。张家口境内见于坝下各县（区）。

保护级别 省级重点保护野生动物。

分布类型及区系 古北型，广布种。

红尾歌鸲

Luscinia sibilans
英文名 Red-tailed Robin （鸫科 Turdidae）

别名 红尾鸲

形态描述 体长127~130mm。喙黑色，虹膜褐色，趾粉褐色。雄鸟：眼先白色；上体橄榄褐色；尾及部分尾上覆羽棕红色；下体白色；两胁沾褐色；颏、喉、胸和腹两侧有橄榄褐色鳞状斑。雌鸟：上体及尾羽多褐色，下体鳞状斑不明显。

生境与习性 栖息于较湿润森林或近溪流的林地。营巢于树洞中。每窝产卵5~6枚，卵淡蓝灰色，具褐色点斑。以昆虫为食。

夏候鸟或旅鸟。河北省内见于各地森林。张家口境内见于各县（区）林地。

保护级别 三有动物。

分布类型及区系 东北型，广布种。

蓝喉歌鸲

Luscinia svecica
英文名 Bluethroat （鸫科 Turdidae）

别名 蓝点颏

形态描述 体长140~150mm。喙黑褐色；跗蹠及趾浅褐略显粉色；虹膜深褐色。上体近橄榄褐色，头顶具黑褐色纵纹，有白色纹和额纹；耳羽茶褐色，颏、喉和前胸蓝色，喉中部有一红褐环状斑；胸蓝色后边有一棕横带斑；尾黑褐，除中央尾羽外，其他尾羽基部红褐色，两胁和尾下覆羽污棕色。雌鸟：色淡，下体无蓝、红色，喉白色，胸黑褐色，有横带斑。

生境与习性 栖息于近水域的灌木丛和芦苇间。营地面巢穴。以昆虫为食，偶尔也食一些植物种子。

夏候鸟或旅鸟。河北省内见于近水域林地或灌丛。张家口境内见于坝下各县（区）。

保护级别 省级重点保护野生动物。

分布类型及区系 古北型，古北种。

白背矶鸫

Monticola saxatilis
英文名 Rufous-tailed Rock Thrush （鸫科 Turdidae）

形态描述 体长190mm。喙黑褐色，虹膜深褐色，趾灰褐色。雄鸟：头和颈蓝色；下背白色，中央尾羽褐色，基部锈红色，其他尾羽红色；下体胸、腹及尾下覆羽锈红色。雌鸟：头、背淡黄褐色，沾蓝色，具暗纵纹；下体赭色，具暗细横斑。

生境与习性 栖息于山地多岩石的灌丛中。营巢于岩石缝隙中。每窝产卵4~5枚。以昆虫、浆果为食。

夏候鸟。河北省内见于各地山区。张家口境内见于坝下各县(区)。

分布类型及区系 中亚型，古北种。

蓝矶鸫

Monticola solitaria
英文名 Blue Rock Thrush （鸫科 Turdidae）

形态描述 体长200~240mm。喙黑色，虹膜褐色，趾黑褐。雄鸟：上体自额至尾上覆羽、头侧、颏和喉至前胸蓝色；飞羽和尾羽黑色；后胸、腹和尾下覆羽栗红色。雌鸟：上体灰褐沾蓝色；下体淡褐色，具黑色鳞状横斑。

生境与习性 栖于山涧溪流附近多岩崖林木葱生的环境。多以枯枝、树皮和苔藓等筑巢于岩隙间，每窝产卵4枚，卵淡蓝色，具红褐色细点斑。以昆虫为食。

夏候鸟。省内见于各山地县。张家口境内见于坝下山区。

分布类型及区系 不易归类型，广布种。

紫啸鸫 | *Myiophonus caeruleus* 英文名 Blue Whistling Thrush （鸫科 Turdidae）

形态描述 体长280~330mm。喙黄色，虹膜褐色，趾黑色。通体深蓝紫色，并具光泽；小覆羽灰蓝色。羽端具淡紫色滴状斑。

生境与习性 栖息于山溪或岩石处。营巢于崖棚或岩隙中。每窝产卵4枚，卵淡绿或淡褐色，具红细斑，大小为（32~37）mm×（25~27）mm。主要以昆虫为食。

夏候鸟。河北省内见于各山地县（区）。张家口境内见于坝下山区。

分布类型及区系 东洋型，广布种。

白顶䳭 | *Oenanthe pleschanka* 英文名 Pied Wheatear （鸫科 Turdidae）

别名 白头沙雀、白头

形态描述 体长145~150mm。喙黑色，虹膜褐色，趾黑色。雄鸟：夏羽的额及头顶至后颈白色，背及两翼黑色，腰和尾上覆羽白色；中央尾羽黑色，基部白色，其他尾羽白色，端黑；眼先、头及颈侧、颏、喉黑色；下体余部白沾米黄色。冬羽的头具淡棕或灰褐色羽缘，背和翼褐色。雌鸟：似雄鸟冬羽，体羽暗褐色。

生境与习性 栖于多石山地和丘陵。用植物茎、叶营巢于啮齿类洞穴和岩石缝隙及石堆中。每窝产卵4~6枚，卵淡蓝色，具红褐斑点，大小为20mm×15mm。以昆虫为食。

夏候鸟。河北省内分布于山地。张家口境内见于坝下山地及坝上近水域的灌丛。

分布类型及区系 中亚型，古北种。

沙䳭

Oenanthe isabellina
英文名 Isablline Wheatear （鸫科 Turdidae）

别名 沙雀

形态描述 体长160~170mm。喙黑色，虹膜深褐色，趾黑色。上体沙褐色，尾上覆羽白色；中央尾羽黑色，基部白色，其他尾羽白色，端黑；眉纹白色；下体污白；胸和腹两侧暗褐色。

生境与习性 栖息于有稀疏植被的干旱荒漠和沙质灌丛草地。营巢多在黄鼠废弃的洞穴内。每窝多产卵5枚，卵浅蓝色。以昆虫、草籽为食。

夏候鸟。河北省内见于坝上、沿海滩涂。张家口境内多见于坝上各县。

分布类型及区系 中亚型，古北种。

穗䳭

Oenanthe oenanthe
英文名 Northern Wheatear （鸫科 Turdidae）

形态描述 体长150~152mm。喙黑色，虹膜褐色，趾黑色。雄鸟：夏羽头至背灰色，尾上覆羽白色，中央尾羽黑而基部白色，其他尾羽白而端黑；两翼黑；眉纹白；贯眼纹和耳羽黑色；下体黄白色；喉和胸棕黄色；冬羽色淡，上体包括两翼偏褐色；贯眼纹细黑褐色；耳羽褐色。雌鸟：与雄鸟冬羽相似。幼鸟：上体黄褐色；下体乳白色。

生境与习性 栖于高原、山地和沙地。以草根和苔藓筑碗状巢于石缝处。每窝产卵3~4枚，卵淡青色，具褐色点斑，大小为21mm×15mm。多以植物种子和昆虫为食。

夏候鸟。河北省内见于坝上高原及北部山地。张家口境内各县（区）均可见到。

分布类型及区系 全北型，古北种。

北红尾鸲

Phoenicurus auroreus
英文名 Daurian Redstart （鸫科 Turdidae）

别名 水老鸹

形态描述 体长130~152mm。宽白翼斑明显。喙、跗蹠和趾黑色；虹膜褐色。雄性：头顶至后颈青灰色；灰白眉纹宽，向后达颈侧；眼先、头侧、喉、上背及两翼黑褐色，翼上有明显白斑；体羽余部橙棕；中央尾羽深褐色。雌性：上体橄榄褐色，翼上白斑较小，尾上覆羽、外侧尾羽橙棕色；下体灰褐色，腹两侧至尾下覆羽沾橙色。

生境与习性 栖息地多样，从林缘开阔地到居民区均能见到。主要以昆虫为食，兼食杂草种子和浆果。

夏候鸟。河北省内见于各山区中。张家口境内见于各县（区）。

保护级别 三有动物。

分布类型及区系 东北型，广布种。

红腹红尾鸲

Phoenicurus erythrogaster
英文名 White-winged Redstart （鸫科 Turdidae）

形态描述 体长180mm。雄鸟：头顶至后颈白沾灰色，额、头侧、背和翼上覆羽黑色；腰和尾上覆羽锈红色；翼上有明显的白斑块；喉至胸黑色；下体余部锈红色。雌鸟：似北红尾鸲雌鸟，但个体较大。

生境与习性 栖息于海拔较高的、岩石裸露的山地。营巢于在水渠旁、石缝中等处，巢用禾本科、草叶及根等筑成，内铺马尾和羊毛。以昆虫为食。

旅鸟、冬候鸟、夏候鸟。河北省内见于山区。张家口境内见于坝下各县（区）山地。

保护级别 三有动物。

分布类型及区系 东北型，古北种。

红尾水鸲

Rhyacornis fuliginosus
英文名 Plumbeous Water Redstart （鸫科 Turdidae）

别名 铅色水鸲

形态描述 体长127~140mm。喙黑色，虹膜深褐色，趾红褐色。雄鸟：除尾外，体羽铅灰蓝色；尾上覆羽、尾羽和尾下覆羽栗红色。雌鸟：上体暗灰褐，尾上覆羽白色；下体灰沾蓝色，具鳞状白斑；肛周近灰白色。幼鸟：雄性头部有白斑，雌性全身密布白斑。

生境与习性 栖于山区溪流的岩石间。营巢于石隙间。每窝产卵4~5枚，卵浅蓝色，具紫斑。以昆虫和植物种子为食。

留鸟或夏候鸟。河北省内分布于各山区县。张家口境内见于坝下各县（区）。

分布类型及区系 东洋型，广布种。

黑喉石䳭 | Saxicola torquata 英文名 Stonechat （鹟科 Turdidae）

别名 黑喉鸲

形态描述 体长127~140mm。喙、跗蹠和趾黑色，虹膜深褐色。雄鸟：头顶、后颈、背、尾、头侧和喉黑色；两翼黑褐色，翼上具白斑；胸羽橙红色；颈侧、腰、尾上覆羽、腹和尾下覆羽白。雌鸟：头至背黄褐色，具黑纵纹，眉纹白，耳羽暗褐色，腰橙黄色；喉和腹中央棕白，胸部和腹两侧橙黄色。

生境与习性 栖息于开阔的林缘、有灌丛的草地和沼泽地等处。营巢于地面土坡凹陷、倒木下和灌丛下。以昆虫为食，兼食杂草种子。

夏候鸟。河北省内分布于河流及沼泽湿地。张家口境内见于坝上沼泽湿地及各大河流附近的灌草丛与林缘。

保护级别 三有动物。

分布类型及区系 不易归类型，古北种。

红胁蓝尾鸲 | Tarsiger cyanurus 英文名 Red-flanked Bush Robin （鹟科 Turdidae）

形态描述 体长130~150mm。喙黑色，虹膜褐色，趾淡紫色。雄鸟：上体苍蓝色；眉纹前端白而后端不明显，眼先黑色；下体污白色；喉、胸沾棕色；两胁橙红色。雌鸟：上体橄榄褐；两胁橙红色稍淡。

生境与习性 栖息于针阔混交林中。于地面以杂草、枯叶营杯状巢，内铺细草毛发等。每窝产卵3~6枚，卵白色，具褐色斑点，大小约为18mm×13mm。以昆虫为食。

夏候鸟或旅鸟。河北省内见于各县（区）山地。张家口境内见于坝下山区。

保护级别 三有动物。

分布类型及区系 东北型，古北种。

灰背鸫

Turdus hortulorun
英文名 Grey-backed Thrush （鸫科 Turdidae）

形态描述 体长230~240mm。喙黄褐色，虹膜褐色，趾肉黄色。雄鸟：上体深灰略沾蓝色；颏和喉灰白色，具黑褐色纵纹；胸浅灰色，腹白色，两胁橙黄色。雌鸟：上体近褐色；胸白具黑纵纹。

生境与习性 栖息于各种森林。营巢于阔叶树小枝杈上，巢用树枝、枯草茎叶、树叶、苔藓和泥土构成，巢内壁为黄泥，内铺草根、松针等。每窝产卵3~5枚，卵浅绿色，具红或紫斑块，大小为（26~29）mm×（18~21）mm。以昆虫为食。

旅鸟。河北省各地均有分布。张家口境内各县（区）均有分布。

保护级别 三有动物。

分布类型及区系 东北型，古北种。

宝兴歌鸫

Turdus mupinensis
英文名 Eastern Song Thrush （鸫科 Turdidae）

别名 歌鸫

形态描述 体长230mm左右。喙暗褐色，下喙基部淡黄褐色；虹膜褐色，趾黄褐色。上体橄榄褐色，下体近白色；胸沾黄棕色，各羽具扇形黑褐斑；耳羽淡棕黄色，具黑褐色斑。

生境与习性 栖息于山地混交林中。营巢于桦树等乔木枝杈上，巢用枯枝、根、茎、苔藓筑成，内铺植物纤维等。产卵4枚，卵灰绿色，具淡蓝褐或红褐色点斑和块斑，大小为28mm×19mm。以昆虫为食。

留鸟。河北省内见于山地森林。张家口境内见于坝下山地森林。

保护级别 三有动物。

分布类型及区系 喜马拉雅—横断山区型，广布种。

斑鸫 | *Turdus eunomus* 英文名 Dusky Thrush （鸫科 Turdidae）

别名 斑点鸫、窜鸡

形态描述 体长245~255mm。喙黑色，下喙基部黄色；虹膜褐色，趾褐色。上体橄榄褐色，中央尾羽褐色，其余尾羽淡棕红色；眉纹棕色，颏、喉黄白沾棕色；胸、两胁和尾下覆羽棕红色，羽端白色；下体余部白色。

生境与习性 迁徙时常集群活动于开阔林缘及草地，也在树冠间活动。以昆虫和植物种子为食。

冬候鸟、旅鸟。河北省见于坝上草原及各类林地。张家口境内各县（区）均有分布。

保护级别 三有动物。

分布类型及区系 东北型，广布种。

白眉鸫 | *Turdus obscurus* 英文名 White-browed Thrush （鸫科 Turdidae）

别名 窜鸡

形态描述 体长190~240mm。喙黑褐色，下喙基部黄色；虹膜褐或暗褐色，趾黄褐。雄鸟：头颈灰褐色，眼先黑褐色，眉纹白色，上体羽橄榄褐色；飞羽黑褐色，外翈羽缘橄榄褐色；下体白色，颏、喉白色，胸与两胁橙棕色，腋及翅下覆羽灰色。雌鸟：头颈灰褐色，眼先黑褐色具白眉纹，上体橄榄褐色，飞羽黑褐色，外翈橄榄褐色；颏白色，喉基白色，羽端灰褐色，下体其余覆羽白色。

生境与习性 栖于山地森林、灌丛与林缘。迁徙时集群活动于林下空地觅食。以金龟子和甲虫等昆虫为食，偶食植物果实与种籽。

旅鸟。河北省内山地森林均有分布。张家口境内见于坝下山地森林与灌丛。

保护级别 三有动物。

分布类型及区系 东北型，古北种。

白腹鸫 | Turdus pallidus 英文名 Pale Thrush （鸫科 Turdidae）

形态描述 体长230~240mm。上喙黑色，下喙浅黄色，虹膜褐色，趾黄色。雄鸟：上体茶褐色,头色深；胸和两胁灰褐色；腹中央及尾下覆羽白色。雌鸟：头色淡；喉、胸、腹白色。

生境与习性 栖于针叶林或针阔混交林中。于树枝杈处筑碗状巢。每窝产卵4~6枚，卵蓝绿色，具褐色斑点,大小为(27~30) mm×(20~22) mm。以昆虫、植物种子和浆果为食。

旅鸟。河北省内山地均匀分布。张家口境内见于坝下山地森林。

保护级别 三有动物。

分布类型及区系 东北型，古北种。

赤颈鸫 | Turdus ruficollis 英文名 Red-throated Thrush （鸫科 Turdidae）

别名 红脖鸫、红脖子、穿草鸫

形态描述 体长230~240mm。虹膜褐色，喙黄尖端黑色，趾近褐色，腹及臀白色。上体、翼及尾全褐色。雄鸟：头及喉近灰色，上体灰褐色，眉纹、颈侧、喉及胸红褐色。雌鸟：似雄鸟，头褐色，喉偏白色，栗红色部分较浅且喉具黑纵纹。

生境与习性 栖息于山坡草地或丘陵疏林、平原灌丛中。善于在地面并足长跳。5~7月繁殖，营巢于林下小树的枝杈上。每窝产卵4~5枚，卵淡蓝或蓝绿色，并具淡红褐色斑点。取食昆虫、小动物及草籽和浆果。

旅鸟或冬候鸟。河北省内见于山地与丘陵地区。张家口境内各县(区)均有分布。

分布类型及区系 不易归类型，古北种。

虎斑地鸫

Zoothera dauma
英文名 Golden Mountain Thrush （鸫科 Turdidae）

别名 虎鸫

形态描述 体长265~300mm。上喙黑褐色，下喙灰黄色；虹膜褐色，趾橙肉色。通体黄褐色，腹面稍淡，具黑或黑褐色鳞状斑。腹部中央至尾下覆羽白色。

生境与习性 栖息于各种林型和近水地带。由细树枝、草茎叶、苔藓、树叶和泥土筑巢于树杈处。内铺草根等。每窝产卵4~5枚，卵灰绿色，具褐斑点，大小约为34mm×24mm。以昆虫、植物种子、浆果为食。

夏候鸟或旅鸟。河北省内见于近水域的各类森林。张家口境内见于各县(区)山地森林及水域附近灌丛与乔木林。

保护级别 三有动物。

分布类型及区系 古北型，古北种。

山噪鹛

Garrulax davidi
英文名 Plain Laughing Thrush （画眉科 Timaliidae）

别名 黑老婆

形态描述 体长250~290mm。上喙中央深褐色，两侧和下喙黄色；虹膜褐色，趾灰褐色。通体灰褐色，头顶具深褐色轴纹；眼先灰白色羽端黑色；眉纹和耳羽淡褐色；下体较淡，仅颏有少量黑褐色羽毛。

生境与习性 栖于近河流的山地森林或灌丛中。营巢于矮灌木丛中。每窝产卵3~6枚，卵玉蓝色，约为25mm×19mm。以昆虫和植物种子为食。

留鸟或夏候鸟。河北省内见于各地山区。张家口境内见于山区灌草丛及森林。

保护级别 省级重点保护野生动物。

分布类型及区系 华北型，古北种。

文须雀 | *Panurus biarmicus* 英文名 Eastern Beared Tit （鸦雀科 Paradoxornithidae）

形态描述 体长150~185mm。雄鸟：喙黄色，额、头和枕部深灰色；眼先黑色，下延至颈侧；背和尾赤褐色；初级飞羽黑褐色，羽缘白，在翼上形成白纵带；喉、胸灰白色；腹和两胁赤褐色；尾下覆羽黑色。雌鸟：上喙褐，下喙黄色；体色淡；头部沙褐色；尾下覆羽褐色。幼鸟：似雌鸟，背部具黑斑。

生境与习性 栖息于水域和沼泽地带。营巢于草丛或芦苇丛中，巢用枯草叶筑成，碗状，内铺羽毛、草穗等。每窝产卵5~7枚，卵白色，具黑褐色斑纹，大小约为17mm × 14mm。以昆虫和草籽为食。

冬候鸟或旅鸟。河北省内见于各种湿地。张家口境内见于坝上湿地、洋河、桑干河及水库附近草丛。

保护级别 三有动物。

分布类型及区系 不易归类型，古北种。

山鹛 | *Rhopophilus pekinensis* 英文名 White-browed Bush Dweller

（扇尾莺科 Cisticolidae）

别名 山老婆

形态描述 体长160~185mm。喙灰褐色，跗蹠及趾淡黄褐色，虹膜褐色。上体淡褐色，在羽轴处有深褐色纵纹；眼先和颊部黑，眉纹暗棕褐色，黑颊纹后延至耳下方；耳羽淡褐色，尾羽黑褐色，仅中央尾羽沙褐色，羽端灰白色；翼羽沙褐色，下体白色，喉及胁前部具青栗纵纹，尾下覆羽沙褐色。

生境与习性 栖息于平原多灌丛或芦苇处以及近水域的山地灌丛，冬季地下觅食，见人突飞起又急落于附近灌丛中。多营巢于灌丛间。杂食性，冬季食杂草种子，夏季以昆虫为食。

留鸟或夏候鸟。河北省内各地山区中均有分布。张家口境内见于坝下各县（区）。

保护级别 省级重点保护野生动物。

分布类型及区系 中亚型，古北种。

稻田苇莺

Acrocephalus agricola
英文名 Paddyfield Warbler （莺科 Sylviidae）

形态描述 体长 114~140mm。上喙黑色，下喙淡黄色；虹膜褐色，趾肉褐色。上体暗棕褐色，向后色渐淡；眉纹皮黄色，眉纹上有一微显黑褐色的纹；下体白色，胸、腹染污黄色；两胁和尾下覆羽棕黄色。

生境与习性 栖息于近水灌丛、苇丛和草丛等处。以昆虫为食。

旅鸟，夏候鸟。河北省内各地均有分布。张家口境内见于坝下各县（区）。

分布类型及区系 不易归类型，古北种。

黑眉苇莺

Acrocephalus bistrigiceps
英文名 Black-browed Reed Warbler （莺科 Sylviidae）

别名 双眉苇莺

形态描述 体长 120~135mm。上喙黑色，下喙色浅；虹膜褐色，趾淡黄色。上体橄榄褐色，眉纹黄白色，眉上具黑条纹。颏、喉和下体中央白色，颈侧、胸、腹和尾下覆羽皮黄色，两胁暗棕色。幼鸟体色较淡。

生境与习性 栖于低山近水林缘、平原及沼泽灌丛。以干草茎叶筑杯状巢于灌丛、芦苇丛和草丛上。每窝产卵 4~5 枚，卵灰绿色，具灰褐色或暗绿点斑，大小约为 16mm × 12mm。以昆虫为食。

夏候鸟。河北省内见于湿地附近林缘及灌草丛。张家口境内各县（区）均有分布。

保护级别 三有动物。

分布类型及区系 东北型，广布种。

东方大苇莺

Acrocephalus orientalis
英文名 Oriental Reed Warbler （莺科 Sylviidae）

形态描述 体长190~210mm。喙钝，较短且粗，上喙褐色，下喙偏粉色；虹膜褐色，趾灰色。上体黄褐色，眉纹皮黄色。尾较短，端部色浅。下体色重且胸具深色纵纹；外侧第九枚初级飞羽比第六枚长。

生境与习性 栖于苇地、稻田、沼泽及湿地次生灌丛。常立于芦苇或灌丛枝头鸣叫。以蚂蚁、豆娘、甲虫等昆虫为食。繁殖于5~7月份，筑巢于芦苇基干。

夏候鸟。河北省内见于各类湿地。张家口境内见于河流、湖泊及库塘附近。

分布类型及区系 不易归类型，古北种。

斑胸短翅莺

Bradypterus thoracicus
英文名 Spotted Scrub Warbler （莺科 Sylviidae）

形态描述 体长113~135mm。上喙黑褐色，下喙较淡；虹膜深褐色，趾浅肉色。上体赭褐色，额和头顶偏红褐；白眉纹不显；颏、喉白而沾黄色，具不明显的深色纵纹；胸灰褐色具黑纵纹；腹白色，沾皮黄色。

生境与习性 栖息于有灌丛的低山丘陵和平原沼泽等生境。营巢于灌丛间，每窝产卵3~4枚。以昆虫为食。

夏候鸟或旅鸟。河北省内见于丘陵区以及各类湿地。张家口境内见于西部丘陵及坝下有水域的灌丛地。

保护级别 三有动物。

分布类型及区系 不易归类型，广布种。

日本树莺

Cettia diphone
英文名 Japanese Bush Warbler （莺科 Sylviidae）

别名 短翅树莺

形态描述 体长101~172mm。喙褐色，虹膜褐色，趾粉红色。上体橄榄褐色；两翼褐色，羽外缘淡棕色；眉纹黄白色，贯眼纹黑褐并延至颈侧；颏、喉、胸、腹和尾下覆羽污白沾棕黄色；两胁淡棕褐色。幼鸟：上体色淡，多棕黄色；下体乳黄色；两胁沾棕色。

生境与习性 栖于低山丘陵灌丛间或田园宅旁的灌丛中。营巢于灌木丛中，巢用禾本科或莎草科的茎叶、细草根、树叶等构成椭圆形。每窝产卵3~6枚，卵砖红色，具褐色块状斑，大小约为21mm×16mm。以昆虫为食。

夏候鸟或旅鸟。河北省内见于冀西北低山丘陵。张家口境内见于坝下低山丘陵。

分布类型及区系 东北型，古北种。

鳞头树莺

Cettia squameiceps
英文名 Scaly Headed Bush Warbler （莺科 Sylviidae）

别名 短尾莺

形态描述 体长81~105mm。上喙褐色，下喙黄褐色；虹膜褐色，趾淡粉红白色。上体橄榄褐色；头顶羽缘褐色较深而使头顶和额的羽毛显鳞片状；眉纹长，白色；贯眼纹黑褐色；颏、喉及胸、腹中央污白沾褐色，两侧褐色。

生境与习性 栖于山地溪流两岸针阔叶混交林灌木间。营巢于树根或倒木地面的凹陷处。巢碗状，以苔藓构成，杂有树叶，内铺兽毛。每窝产卵5~6枚，卵灰色，具赤褐色斑纹，大小为16mm×13mm。以昆虫为食。

夏候鸟或旅鸟。河北省内见于山区。张家口境内见于坝下及坝头山地。

保护级别 三有动物。

分布类型及区系 东北型，古北种。

北蝗莺

Locustella ochotensis
英文名 Middendorff's Grasshopper Warbler （莺科 Sylviidae）

形态描述 体长150~160mm。上喙暗红褐色，下喙和上喙边缘粉红色；虹膜褐色，趾粉或暗肉色。上体橄榄褐色，头、颈具黑褐色中央纹。眉纹淡灰黄色，贯眼纹橄榄褐色，颊和尾羽褐色；圆尾，微显细黑色横斑，尾端白色。下体灰白色，胸、两胁淡橄榄褐色，尾下覆羽黄色。

生境与习性 栖于低山丘陵和山脚河谷、沼泽灌丛中。以草叶、茎筑杯状巢于地面。每窝产卵5~6枚，卵粉红具褐色斑点，大小为21mm×14mm。以昆虫为食。

夏候鸟。河北省内见于低山丘陵区灌丛地。张家口境内见于低山丘陵区。

保护级别 三有动物。

分布类型及区系 东北型，古北种。

小蝗莺

Locustella certhiola
英文名 Rusty-rumped Warbler （莺科 Sylviidae）

形态描述 体长127~160mm。上喙黑色，喙缘暗肉色；虹膜褐色，趾淡黄肉色。上体茶褐色，头顶与背有黑纵纹。眉纹白色，黑褐色贯眼纹微显。耳羽具白色羽轴纹。喉白色，胸、颈侧和两胁淡黄褐色，前胸有少许微显黑褐色点斑，下体余部白色。楔尾，具白端斑，尾下覆羽沾黄。幼鸟：上体较成体鲜淡，前颈和前胸具黑褐色细小斑点。

生境与习性 栖于林缘灌丛、疏林、沼泽及水域岸边草丛等处。多单独活动。鸣叫为qiqiqi声。主要以昆虫为食，亦吃植物种籽。

夏候鸟。河北省内各地均有分布。张家口境内多见于坝下各县（区）。

分布类型及区系 东北型，古北种。

苍眉蝗莺

Locustella fasciolata
英文名 Gray's Grasshopper Warbler （莺科 Sylviidae）

形态描述 体长150~180mm。上喙黑色，下喙褐色；虹膜褐色，趾暗肉色。上体黄褐色，头顶、两肩和背缀橄榄褐色，腰和尾上覆羽缀红。眉纹苍白，颏、喉灰白色；胸暗灰色，腹中央白沾黄褐色，两胁呈橄榄褐色。尾下覆羽淡黄褐色。

生境与习性 栖息于低山河谷和林缘开阔地的灌丛和草丛。营巢于灌丛和草丛中，巢用枯草茎、叶构成杯状，内垫细草和草根。每窝产卵3~5枚，卵白色或青白色，大小约为21mm×16mm。以昆虫为食。

旅鸟。河北省内见于各县山地。张家口境内见于坝下各山地县（区）。

保护级别 三有动物。

分布类型及区系 东北型，古北种。

矛斑蝗莺

Locustella lanceolata
英文名 Lanceolated Grasshopper Warbler （莺科 Sylviidae）

形态描述 体长109~140mm。上喙黑褐色，下喙黄褐色；虹膜褐色，趾肉黄色。淡黄眉纹微显。上体橄榄褐色，具黑纵纹；下背和腰纵纹较细。颏、喉亮黄微具黑纵纹；下体中央黄褐色，两胁棕褐色，具黑纵纹。幼鸟体羽比成鸟淡。

生境与习性 栖息于近水域的林缘灌丛以及有灌丛的沼泽草甸等处。营巢于地面草丛中。每窝产卵3~5枚，卵白或玫瑰红色，具红褐色斑纹。以昆虫为食。

旅鸟。河北省内见于各地湿地附近的林缘与灌丛。张家口境内见于各县（区）。

保护级别 三有动物。

分布类型及区系 东北型，古北种。

极北柳莺

Phylloscopus borealis
英文名 Arctic Willow Warbler （莺科 Sylviidae）

别名 柳树叶儿

形态描述 体长105~137mm。上喙深褐色，下喙黄褐色；虹膜深褐色，趾肉色。上体橄榄绿色，眉纹黄白或白色，贯眼纹橄榄绿色。下体污白色稍沾黄绿色，两胁黄色较浓。

生境与习性 栖于针阔混交林（多为落叶松）中。以枯草、针叶、细根和兽毛等筑皿状巢于地面。每窝产卵6~7枚，卵白色，钝端具暗红褐斑点，大小为16mm×12mm。以昆虫为食。

旅鸟。迁徙季节见于河北省内山区。张家口境内见于坝下各县(区)山区。

保护级别 三有动物。

分布类型及区系 古北型，古北种。

冕柳莺

Phylloscopus coronatus
英文名 Eastern Crowned Warbler （莺科 Sylviidae）

形态描述 体长98~129mm。上喙黑褐色，下喙橙黄色；虹膜深褐色，趾黄色。上体橄榄绿色，头稍暗微具中央冠纹。眉纹前半部黄，后半部黄白色，贯眼纹暗褐。翼上有一灰白窄横纹。下体白而沾黄色，尾下覆羽黄色较重。

生境与习性 栖息于林缘灌丛和疏林，常活动于阔叶林的树冠顶层。单个或成对活动。地面营巢。主要以昆虫为食。

旅鸟。分布于河北省内北部地区。张家口境内迁徙季节见于坝下山地森林。

保护级别 三有动物。

分布类型及区系 东北型，广布种。

褐柳莺 | Phyllosciopus fuscatus

Phylloscopus fuscatus
英文名 Dusky Willow Warbler （莺科 Sylviidae）

别名 嘎叭嘴

形态描述 体长103~135mm。上喙黑褐色，下喙基部橙褐；虹膜褐色，趾淡褐色。贯眼纹暗褐色，颏、喉污白；胸和腹淡褐色；尾下覆羽棕黄色。

生境与习性 栖于疏林或灌丛间，迁徙时成小群。由禾本科茎、叶等筑球形巢于灌木上，内衬羽毛。每窝产卵4~6枚，卵白色，大小为16mm×12mm。以昆虫为食。

旅鸟或夏候鸟。分布于河北省内各地山区。张家口境内见于坝下各县（区）。

保护级别 三有动物。

分布类型及区系 东北型，广布种。

黄眉柳莺

Phylloscopus inornatus
英文名 Yellow-browed Willow Warbler （莺科 Sylviidae）

别名 柳树叶儿、树串

形态描述 体长87~115mm。喙暗褐色，下喙基部黄色，虹膜褐色；趾淡棕褐色。上体橄榄绿色，翼上具两道黄白色横斑，飞羽外缘黄绿色。眉纹黄白色，贯眼纹黑褐色。头顶有一黄绿色微显的中央线，颏、喉白色。下体余部白而沾黄绿色。

生境与习性 栖于针叶林或针阔混交林中。于针叶树杈间以草茎、地衣、兽毛等营球形巢。每窝产卵4~5枚，卵白色，具红褐或紫褐斑点。以昆虫为食。

旅鸟。见于河北省内山地。张家口境内见于坝下各县山区。

保护级别 三有动物。

分布类型及区系 古北型，古北种。

黄腰柳莺

Phylloscopus proregulus
英文名 Yellow-rumped Willow Warbler （莺科 Sylviidae）

别名 柳树叶儿

形态描述 体长85~106mm。喙黑褐色，下喙基部黄色；虹膜褐色，趾肉色。上体橄榄绿色，腰黄色；头顶黄色，中央线明显；翼上有两道淡黄横斑，飞羽外缘黄绿色。眉纹淡黄色，贯眼纹暗褐色。下体白沾黄，两侧黄色较浓。幼鸟：头顶中央线和翼斑较成鸟宽而明显。

生境与习性 栖于针叶或针阔混交林，迁徙时常混于黄眉柳莺群中。于云冷杉侧枝以苔藓、地衣、树皮、草茎等构成圆球形巢。每窝产卵5~6枚，卵白色，具紫褐斑纹，大小为13mm×10mm。以昆虫为食。

旅鸟或夏候鸟。河北省内分布于山区。张家口境内见于坝下各山地县。

保护级别 三有动物。

分布类型及区系 古北型，古北种。

巨嘴柳莺

Phylloscopus schwarzi
英文名 Thick-billed Willow Warbler （莺科 Sylviidae）

形态描述 体长111~135mm。上喙暗褐色，下喙多黄褐色，仅先端浅褐色；虹膜褐色，趾黄褐色。上体橄榄褐色，眉纹前半部米黄色，后半部白色；贯眼纹暗褐色，颏、喉棕灰白色，胸棕灰色，腹和体侧棕灰沾柠檬黄色；尾下覆羽棕黄色。幼鸟：下体较黄，喉、胸淡褐色。

生境与习性 栖于低山丘陵的林缘灌丛及杨、桦次生林间。于地面草丛中营椭圆形巢。每窝产卵4~5枚，卵白色，具褐色斑点，大小为17mm × 13mm。以昆虫为食。

旅鸟。迁徙季节见于河北省内山区。张家口境内见于坝下山地。

保护级别 三有动物。

分布类型及区系 东北型，古北种。

淡脚柳莺

Phylloscopus tenellipes
英文名 Pale-legged Willow Warbler （莺科 Sylviidae）

别名 灰脚柳莺

形态描述 体长110~123mm。上喙褐色，下喙暗肉白色。头橄榄绿色，背沾褐色；腰和尾上覆羽沾赤褐色。眉纹黄白或淡棕色，贯眼纹暗橄榄绿色。下体污白，两胁淡黄褐色。

生境与习性 栖于潮湿森林中。营巢于林中河沟附近的树根、倒木下或土坎洞穴中。每窝产卵4~6枚，卵白色，大小为16mm × 12mm。以昆虫为食。

旅鸟。迁徙季节见于河北省内近水域的森林。张家口境内迁徙季节见于坝下蔚县、涿鹿、怀安、崇礼、宣化、赤城与怀来近水域的山地森林。

分布类型及区系 东北型，古北种。

暗绿柳莺 | Phylloscopus trochiloides （莺科 Sylviidae）
英文名 Greenish Warbler

别名 柳串儿、绿豆雀、穿树铃儿

形态描述 体长99~110mm。虹膜褐色；上喙黑褐色，下喙淡黄色；跗蹠和趾淡褐或近黑色。上体橄榄绿色，头顶较暗；黄白眉纹较明显，贯眼纹黑褐色；颊和耳上覆羽暗褐和黄色混杂；翅和尾羽黑褐色，外翈羽缘黄绿色；大覆羽和小覆羽先端淡黄，形成两道翼斑，前翼斑不明显。下体污黄白，两胁和尾下覆羽显著沾黄色。

生境与习性 栖于海拔500~4400m的乔木林、河谷和溪流沿岸森林。常单只或成小群活动。性活跃，行动轻捷，在树枝间捕食飞行昆虫。

旅鸟或夏候鸟。分布于河北省内山地及冀西北山涧盆地。张家口境内分布于坝下各县（区）。

保护级别 三有动物。

分布类型及区系 东北型，广布种。

戴菊 | Regulus regulus （戴菊科 Regulidae）
英文名 Goldcrest

别名 戴菊莺

形态描述 体长80~105mm。喙黑色，虹膜深褐色，趾偏褐色。上体橄榄绿色，翼上有两道白横斑；头顶有柠檬黄冠羽，冠羽中后部橙红色，冠羽两侧为黑纵纹；眼周灰白色。下体污白沾黄，胸和两胁浓黄色。雌鸟：羽色偏暗，冠羽中部无橙红色。

生境与习性 栖息于针叶林中。营巢于云冷杉的侧枝上，常有松萝及细枝筑成碗状巢，巢内铺兽毛、羽毛等。每窝产卵7~12枚，卵白色，具红褐斑点，大小为（12.8~14）mm×（10~11）mm。以昆虫为食，冬季也食植物种子。

旅鸟。迁徙季节见于河北省内山地森林。张家口境内迁徙季节见于坝下各县（区）。

保护级别 三有动物。

分布类型及区系 全北型，古北种。

银喉长尾山雀 | *Aegithalos caudatus* 英文名 Long-tailed Tit （长尾山雀科 Aegithalidae）

别名 洋红

形态描述 体长 140~160mm。喙黑色，虹膜深褐色；趾棕黑色。头银灰色。肩、下背、腰、后腹至尾下覆羽和尾羽黑色，翼上有白斑块。胸、前腹白色。幼鸟：头侧至背黑褐色，上体无红色，下体灰白略沾红色。

生境与习性 栖于山林，冬季常集小群，垂直迁徙和游荡。以苔藓、地衣、树皮和羽毛等筑球形巢于树枝干或枝杈处。每窝产卵 9~12 枚，卵白色，具浅褐色斑，大小为 14.6mm × 11.3mm。以昆虫为食。

旅鸟。河北省内迁徙季节见于山地森林。张家口境内见于坝下各县（区）。

保护级别 三有动物。

分布类型及区系 古北型，古北种。

煤山雀 | *Parus ater* 英文名 Coal Tit （山雀科 Paridae）

别名 山雀

形态描述 体长100~110mm。喙黑色，虹膜褐色，趾铅黑色。头具羽冠，头顶、颏、喉及前胸黑色，有光泽。颊和后颈中央白色。背蓝灰色，翼上有两道白斑。下体灰白色，两胁偏棕色。幼鸟：黑色部分无光泽，白色部分沾淡黄。

生境与习性 栖于云冷杉林中，部分冬季进入开阔地区，常集群活动。以苔藓、兽毛为材营巢于树洞、石缝、墙隙等处。窝产卵9~10枚，卵呈白色，有淡红色斑点，大小为15mm×11mm。以昆虫、植物种子和树芽等为食。

留鸟。河北省内见于山区。张家口境内见于山地。

保护级别 三有动物。

分布类型及区系 古北型，古北种。

大山雀 | *Parus major* 英文名 Great Tit （山雀科 Paridae）

别名 白脸山雀

形态描述 体长140mm左右。喙黑色，跗蹠及趾暗灰色，虹膜暗棕色。头顶、枕和后颈上部黑色，有蓝色金属光泽；眼下有一白斑直至颊、耳羽和颈侧处，呈三角形；后颈显白，上背黄绿色，下背至尾上覆羽蓝灰色，中央尾羽色暗；翼羽有一白横带斑，下体白，从喉有一黑纵纹后延至尾部。

生境与习性 栖息于开阔林地和半山区中，针叶林中较为常见，营巢于树洞，石缝等处。以昆虫为食，有时也吃一些植物种子。

留鸟。河北省内各地均有分布。张家口境内各县（区）均有分布。

保护级别 三有动物。

分布类型及区系 不易归类型，古北种。

褐头山雀 | Parus songarus 英文名 Songar Tit （山雀科 Paridae）

别名 山雀、家雀

形态描述 体长115~125mm。喙黑色，较细长；虹膜褐色，趾铅褐色。头顶至后颈黑无光泽，后缘与背界线不分明；背和腰灰而沾褐色；尾上覆羽比腰色淡。初级飞羽深灰色，次级飞羽色较淡且先端白；尾深灰色。头侧白，与黑头顶对照鲜明。颏、喉黑斑较大；胸、腹和尾上覆羽灰白色。幼鸟：头部黑色浅略带褐色。

生境与习性 栖息于山林，冬季活动于低山。树洞营巢。每窝产卵6~10枚，卵白色，具褐色斑点，大小为16mm×13mm。以昆虫为食，亦食针叶树种子。

留鸟。河北省内见于各地山区。张家口境内见于坝下及坝头山地。

保护级别 三有动物。

分布类型及区系 全北型，古北种。

沼泽山雀 | Parus palustris 英文名 Marsh Tit （山雀科 Paridae）

别名 小豆雀、唧唧兔子

形态描述 体长100~125mm。喙黑，较粗短；虹膜深褐色，趾铅黑色。头顶至后颈黑而具蓝光，后缘与背界线分明。背、腰和尾上覆羽沙褐色；翼和尾灰褐。头两侧白而沾褐色。颏、喉黑色，胸、腹及尾下覆羽浅褐色，两胁色较浓。幼鸟：头部黑色无光泽。

生境与习性 栖息于次生林和有灌丛的开阔地。以苔藓、地衣、松针、树皮和草茎等在树洞及水泥电线杆上方营杯状巢。每窝产卵6~10枚，卵乳白色，具红褐色斑，大小为16mm×12mm。以昆虫和植物种子为食。

留鸟。河北省内见于山区及湿地附近林缘与灌丛。张家口境内见于坝下及坝头山地。

保护级别 三有动物。

分布类型及区系 古北型，古北种。

黄腹山雀 | *Parus venustulus* 英文名 Yellow-bellied Tit （山雀科 Paridae）

别名 黄点儿、采花鸟

形态描述 体长100mm。喙蓝黑，虹膜褐或暗褐色，趾铅灰或灰黑色。雄鸟头至上背、喉和前胸黑色有金属光泽；颊白色；背余部亮蓝灰色；翼暗褐色，上有两道黄白横斑。腹黄色。雌鸟头至背、腰灰绿色，颊灰白，下体淡黄绿色。幼鸟似雌鸟，但头侧和喉污黄。

生境与习性 栖息于山林，冬季在平原也能见到，常跳跃穿梭于灌丛间，有时同大山雀混群活动。以苔藓、柔软草叶、草茎等筑杯状巢于树洞中，内铺兽毛。窝卵5-7枚，卵呈白色具红或褐色斑点，大小约为17×13mm。以昆虫为食。留鸟，省内见于山区。张家口境内见于山区林地。

保护级别 三有动物。

分布类型及区系 南中国型，东洋种。

普通䴓 | *Sitta europaea* 英文名 Nuthatch （䴓科 Sittidae）

别名 蓝大胆、贴树皮、茶腹䴓

形态描述 体长115~135mm。上体石板蓝色。贯眼纹黑色。翅黑色，中央尾羽蓝灰色，其余尾羽黑，外侧两枚具白斑。下体白，两胁和尾下栗红色。雌鸟：下体栗红色浅淡。幼鸟：胸和腹浅黄色。

生境与习性 栖于山地森林中，在树干攀行。营巢于树洞或用啄木鸟旧巢，常用土涂抹以缩小洞口。每窝产卵6~12枚，卵呈粉白，具紫褐斑，大小为（14~13）mm×（18~19）mm。以昆虫和植物种子为食。

留鸟。河北省内见于山区。张家口境内分布于山地森林。

分布类型及区系 古北型，广布种。

黑头䴓 | *Sitta villosa* 英文名 Black-headed Nuthatch （䴓科 Sittidae）

别名 贴树皮

形态描述 体长100~170mm。喙铅黑色。雄鸟：头顶至颈黑，上体石板蓝色。眉纹白色沾棕黄，贯眼纹污黑色；头侧、颏和喉近白色，下体余部棕黄色；外侧尾羽褐黑色具灰端。雌鸟：头部污褐色，上体较淡，下体淡棕色。幼鸟：腹偏棕黄色。

生境与习性 栖息于针阔叶混交林中。冬季常与普通䴓及山雀混群。营巢于树洞，巢内铺有山杨、白桦树皮。每窝产卵4~9枚，卵白色，具红斑，大小为(15~17)mm×(12.5~13)mm。以昆虫为食。

留鸟。河北省内见于各地山区。张家口境内见于坝下及坝头山地。

保护级别 省级重点保护野生动物。

分布类型及区系 全北型，古北种。

红翅旋壁雀 | *Tichodroma muraria* 英文名 Red-winged Wall Creeper （旋壁雀科 Tichidromidae）

形态描述 体长160~165mm。喙黑色，细长而下弯；虹膜深褐色，趾棕黑色。体羽灰色，两翅沾粉红色，飞羽端部白色。喉部夏羽黑色，冬羽白色。

生境与习性 栖息于山地有灌丛或乔木的崖壁，喜伸展双翅整个身体紧贴于陡壁。营巢于岩壁缝中，内铺苔藓、草叶、毛发等。卵梨形，白色，具红褐色或灰蓝色斑点。以昆虫为食。

夏候鸟、留鸟。河北省内见于山区。张家口境内见于坝下山地森林及灌丛。

分布类型及区系 不易归类型，广布种。

黑卷尾 | *Dicrurus macrocercus* 英文名 Black Drongo （卷尾科 Dicruridae）

别名 黑黎鸡、铁炼甲、黑鱼尾燕、笠鸠

形态描述 体长 270~290mm。喙、跗蹠及趾黑色，虹膜红色。通体黑色，上体和胸具深蓝色金属光泽，翼与尾具暗绿金属光泽；尾长呈叉状，外侧尾羽端部向上卷曲。

生境与习性 栖息在近水林缘，平原和低山森林内均有，特别是村落居民点附近更多。营巢在阔叶树冠顶端细枝间。主要以昆虫为食。

夏候鸟。河北省内各地均有分布。张家口境内各县(区)均有分布。

保护级别 省级重点保护野生动物。

分布类型及区系 东洋型，广布种。

攀雀 | *Remiz consobrinus* 英文名 Penduline Tit （攀雀科 Remizidae）

别名 中华攀雀、灵雀

形态描述 体长 105~135mm。雄鸟：喙灰黑色。背棕褐色，下体皮黄色。雌鸟：头顶暗灰色，贯眼纹棕栗色，背沙褐色。幼鸟：头和上体均棕褐色。

生境与习性 栖于近水域草丛和阔叶林地。以羊毛和杨、柳树花絮筑成吊囊状巢于树上，上部侧面具短管状开口。每窝产卵 7~8 枚，卵白色，有红色长形条斑，大小为 16mm × 11mm。以昆虫为食。

旅鸟。河北省内见于近水域的乔木林或草丛。张家口境内见于坝上湖淖、坝下库塘、洋河、桑干河及壶流河附近林缘和草丛。

保护级别 三有动物。

分布类型及区系 古北型，古北种。

麻雀

Passer montanus
英文名 Tree Sparrow （雀科 Passeridae）

别名 家雀、老家贼

形态描述 体长 140~145mm。喙黑色，跗蹠及趾粉褐色，虹膜深褐色。额至后颈栗褐色。上体沙褐色，上背及两肩密布黑纵纹；尾羽暗褐，眼先、眼下缘和喉黑色，两颊有黑色半圆形斑，胸、腹灰白色，两胁淡黄褐色，尾下覆羽灰褐色，两翼小覆羽纯栗白色，中覆羽黑色。

生境与习性 栖息于居民地，多在瓦下、屋檐下营巢。以昆虫、杂草种子及农作物为食。

留鸟。河北省内各地均有分布。张家口境内各县（区）均有分布。

保护级别 三有动物。

分布类型及区系 古北型，古北种。

山麻雀

Passer rutilans
英文名 Russet Sparrow （雀科 Passeridae）

别名 家巧、家雀

形态描述 体长 130~140mm。喙黑（雌鸟暗褐）；虹膜褐色；趾浅黄褐色。体形似树麻雀，雄鸟：喉黑，上体栗红，具黑色纵纹，下体灰白带污黄，耳羽处无黑斑。雌鸟：上体褐色具奶油色黄眉纹，喉无黑斑。

生境与习性 栖息于低山丘陵和山麓平原的林地、灌丛及草丛中。以草营巢于树洞、啄木鸟巢洞或山地房舍洞穴内，内铺羽毛及毛发等。窝卵 3~6 枚，淡灰白色卵具深色斑点。以植物种子、昆虫为食。留鸟，河北省山区均有分布，张家口境内见于坝下低山丘陵的各类林地及灌丛。

保护级别 三有动物。

分布类型及区系 南中国型，东洋种。

红胁绣眼鸟 | *Zosterops erythropleura* 英文名 Red-flanked White-eye （绣眼鸟科 Zosteropidae）

别名 白眼

形态描述 体长110~120mm。喙橄榄色，夏季上喙褐色，下喙肉色；冬季上喙褐色，下喙蓝褐色。跗蹠及趾灰色，虹膜红褐色。上体暗绿色，眼先黑，有白眼圈，颏、喉、前胸和尾下覆羽琉黄色；后胸及腹中央乳白色，后胸两侧苍灰色，胁栗红色。

生境与习性 栖于落叶阔叶林间，常见于海拔1000m以上的次生林中。主要以昆虫为食。

夏候鸟。河北省内见于低山区及平原林中。张家口境内见于各县（区）森林中。

保护级别 三有动物。

分布类型及区系 东北型，古北种。

暗绿绣眼鸟 | *Zosterops japonica* 英文名 Dark Green White-eye （绣眼鸟科 Zosteropidae）

别名 白眼

形态描述 体长100~110mm。喙黑色，跗蹠及趾淡灰色，虹膜浅褐色。上体暗绿色，头顶与周围上覆羽略带污黄。眼先黑，眼周白，耳羽及颊黄绿色。下体、颏、喉、前胸和尾下覆羽柠檬黄色，余部苍灰色，中央近白色。

生境与习性 栖息于阔叶林或竹林间，冬季集群。主要以昆虫为食，冬季也吃一些植物种子。

夏候鸟。河北省内各地森林内均有分布，特别是低山区林地。张家口境内见于各县（区）森林及山地。

保护级别 三有动物。

分布类型及区系 南中国型，广布种。

旋木雀 | *Certhia familiaris* 英文名 Tree Creeper （旋木雀科 Certhiidae）

别名 爬树鸟

形态描述 体长130~140mm。喙淡黑色，虹膜褐色，趾偏褐色。眉纹灰白色。上体棕褐色，背具灰白色羽干纹；腰和尾上覆羽暗棕色；尾褐棕色。下体沙褐色沾棕。

生境与习性 栖息于针阔混交林或针叶林中，常在树干上做螺旋式升降。以苔藓、树皮纤维、蛛丝和羽毛筑舟状巢于老树开裂的树皮缝中。每窝产卵5~6枚，卵白色，具红褐色细点斑。以昆虫和植物种子为食。

留鸟。河北省内见于北部山区。张家口境内分布于山地针叶林或混交林内。

分布类型及区系 全北型，古北种。

极北朱顶雀 | *Acanthis hornemanni* 英文名 Arctic Redpoll （燕雀科 Fringillidae）

别名 苏雀

形态描述 体长127~130mm。与普通朱雀相似，但头顶的红色面积小，背部较苍白而少褐色，腰纯白而无纵纹。雄鸟：成体胸部有面积不大的浅红色，腹部白色，两侧有少量纵纹。

生境与习性 栖息于林地灌丛。以昆虫、杂草种子为食。

旅鸟。河北省内迁徙季节山区均可见到。张家口境内见于坝下各山区县。

保护级别 三有动物。

分布类型及区系 全北型，古北种。

金翅雀 | *Carduelis sinica* 英文名 Greenfinch （燕雀科 Fringillidae）

别名 金翅

形态描述 体长130~140mm。喙肉红色，跗蹠及趾粉红褐色，虹膜深褐色。头灰绿色，背羽栗褐色，腰黄色，尾羽黑色，基部黄，中、小覆羽由金黄渐橄榄褐色，外侧大覆羽黑色，内侧橄榄褐色。初级覆羽黑色，基部鲜黄色；次级飞羽外翈橄榄色，内翈黑褐色，具黄块斑；颏、喉、上胸鲜黄绿色，下胸和两胁污棕色。下体余部污白棕色。雌性：色淡。

生境与习性 栖息于平原及山林或矮灌丛中，树上营巢。食物主要以杂草种子，也食一些昆虫。

夏候鸟留鸟。河北省内均有分布。张家口境内各县（区）均可见到。

保护级别 三有动物。

分布类型及区系 东北型，古北种。

黄雀 | *Carduelis spinus* 英文名 Siskin （燕雀科 Fringillidae）

形态描述 体长115mm。喙暗褐色，跗蹠及趾黑色，虹膜深褐色。雄鸟：额与头顶黑色，眉纹和枕斑黄色；贯眼纹黑色，短；背暗绿色，腰金黄色，尾上覆羽和中央1对尾羽褐，除外侧1对尾羽外均有基部黄斑和羽端褐斑；覆羽褐色，飞羽基部鲜黄，端黑褐色，颏、喉中央黑，胸鲜黄，胁和尾下覆羽黄白相杂，具褐纵纹；下体余部金黄。雌鸟：头至背有黄绿色略带褐色纵纹，下体仅两胁密布褐色纵纹。

生境与习性 栖于针叶林中，冬季集群活动。主要以裸子植物种子为食，也吃一些昆虫。

夏候鸟旅鸟。河北省内见于针阔混交林。迁徙季节张家口各县（区）均可见到。

保护级别 三有动物。

分布类型及区系 古北型，古北种。

白腰朱顶雀 | *Carduelis flammea* 英文名 Redpoll （燕雀科 Fringillidae）

别名 苏雀、朱顶雀

形态描述 体长 120~140mm，喙黄色，跗蹠及趾黑色，虹膜深褐色。雄鸟：额与头顶朱红色，有黑褐色贯眼纹，耳羽栗褐色；后颈沙灰色，具浅黑褐色纵纹；背、肩栗褐色，腰灰白色，沾粉红色，尾上覆羽淡灰褐色，尾羽黑褐色，具灰白狭缘；翼上覆羽栗灰色，具棕白端斑，飞羽黑褐色；下体颊灰褐色，颏、喉至上胸灰褐渐粉红，两侧棕灰色略带粉红，腹和尾下覆羽白色。雌鸟：额沙褐色，背灰棕有黑褐色纵纹，腰污白色。

生境与习性 栖息于灌丛、林缘、田间或荒山，在草地和山谷多见。结群而栖，受惊飞至树冠顶部。食物主要为草籽

旅鸟。河北省内见于冀西、冀北山地。张家口境内各县（区）均可见到。

保护级别 三有动物。

分布类型及区系 全北型，古北种。

北朱雀 | *Carpodacus roseus* 英文名 Siberian Rosefinch （燕雀科 Fringillidae）

别名 靠山红

形态描述 体长 160~170mm。喙棕褐色，跗蹠及趾灰褐色，虹膜褐色。雄性：额、头顶和喉部银白色，头的余部和后颈粉红色；飞羽黑色，具 2 道浅色翼斑；尾羽暗褐色；背至尾上覆羽红色，背部具褐色纵纹；下体红色。雌性：头部无银白色，下体皮黄色而具纵纹，胸沾粉红色。

生境与习性 栖息于山地阔叶林、针叶林、山坡灌丛、农田等。食物以植物种子为主。

旅鸟。河北省内见于冀北、冀西山区。张家口境内迁徙季节各县（区）均可见到。

保护级别 三有动物。

分布类型及区系 东北型，古北种。

普通朱雀 | *Carpodacus erythrinus* 英文名 Common Rosefinch （燕雀科 Fringillidae）

别名 麻料

形态描述 体长140~150mm。喙黄褐色，跗蹠及趾黑色，虹膜深褐色。雄鸟：头至后颈鲜红色，上背和尾羽暗褐略带土红，下背至腰暗红色，下体颏、喉和胸腹暗红色，下腹中部和尾下覆羽白色略带粉红；翼与尾羽黑褐色，具红色羽缘。雌鸟：上体由橄榄褐色至黄绿色，多纵纹，腹部最多，其他羽色似雄性。

生境与习性 栖于山涧、河谷、灌丛、沼泽的阔叶林和混交林中，也在高山草地、房屋周围、农田活动，营巢于灌木或乔木上。单独或成对活动。食物以杂草种子和昆虫为主。

旅鸟。河北省内各地均可见到。张家口境内迁徙季节见于各县（区）。

保护级别 三有动物。

分布类型及区系 古北型，古北种。

黑头蜡嘴雀 | *Eophona personata* 英文名 Masked Hawfinch （燕雀科 Fringillidae）

别名 铜嘴蜡子

形态描述 体长200~230mm。喙夏季鲜黄色，冬季基部和上喙中部有黑斑；跗蹠及趾肉粉褐色，虹膜深褐色。额至枕、喙基至眼周黑蓝色，飞羽和尾羽黑色，有蓝色金属光泽。上体羽余部灰色，除第一初级飞羽外；其他初级飞羽外翈具白横斑；下体葡萄灰色。

生境与习性 栖于海拔1300m以下的针阔混交林，也见于落叶阔叶林中。秋冬季成群活动，营巢于高大乔木上。主要以植物种子为食，夏季也吃一些昆虫。

旅鸟，留鸟。迁徙季节见于河北省内坝上丘陵和山区。张家口境内见于各县（区）。

保护级别 三有动物。

分布类型及区系 东北型，古北种。

锡嘴雀

Coccothraustes coccothraustes
英文名 Hawfinch
（燕雀科 Fringillidae）

别名 铁嘴蜡子、锡嘴

形态描述 体长170~185mm。喙铅黑色，跗蹠及趾粉褐色，虹膜褐色。雄鸟：眼先、喙基及喉羽黑色，头顶部棕黄色，背羽和肩羽茶褐色，腰淡黄褐色，尾羽茶褐色，具白端斑；中央尾羽基部黑红色，飞羽黑褐色；三级飞羽茶褐色，中覆羽具白羽端。雌鸟：头部黄褐色，余部色淡。

生境与习性 栖于平原或山地各种森林，喜在中龄林或较高大而有光的树上活动。主要以植物种子为食，喜食红松等油性较大的种子。

旅鸟或留鸟。河北省内迁徙季节见于有林地区。张家口境内迁徙季节各县（区）均有分布。

保护级别 三有动物。

分布类型及区系 古北型，古北种。

黑尾蜡嘴雀

Eophona migretoria
英文名 Black-tailed Hawfinch
（燕雀科 Fringillidae）

别名 蜡喙、蜡子

形态描述 体长170~190mm。喙深蜡黄色，先端和边缘黑色；跗蹠及趾肉粉褐色，虹膜褐色。雄鸟：头、翅和尾羽黑色，翼上大覆羽有白斑，初级飞羽有白端斑，外翈鲜紫褐色，内翈黑褐色；上体余部棕灰色，下体橄榄灰色，腹两侧橘黄色，尾下覆羽污白。雌鸟：头灰褐色，体羽较雄性色淡，翼上白斑较小。

生境与习性 栖息于针阔混交林或阔叶林中。主要以植物种子为食，偶而也吃一些昆虫。

旅鸟，夏候鸟。河北省内各地均可见到。张家口境内迁徙季节见于各县（区）。

保护级别 三有动物。

分布类型及区系 东北型，古北种。

燕雀 | *Fringilla montifingilla* 英文名 Brambling （燕雀科 Fringillidae）

别名 虎皮

形态描述 体长155~160mm。喙黄端黑色，跗蹠及趾粉褐色，虹膜褐色。雄鸟：头顶、头两侧和后颈黑色，有蓝色金属光泽；背黑色具淡色羽缘斑；飞羽除第1~3枚初级飞羽外各有一白斑；腰白色，翼与尾黑褐色，颏、喉、胸及两胁棕红色；下体余部污白色，胁具黑点斑。冬羽：色淡。雌鸟：似雄性，但羽色较淡。

生境与习性 栖于荒山、田间、阔叶林和次生林中。以杂草种子、谷粒和昆虫为食。

旅鸟。迁徙季节见于河北省内各县（区）。张家口境内见于各县（区）各类湿地附近林地及草丛。

保护级别 三有动物。

分布类型及区系 古北型，古北种。

红交嘴雀 | *Loxia curvirostra* 英文名 Red Crossbill （燕雀科 Fringillidae）

形态描述 体长160~165mm。喙黑褐色，上下喙交叉。雄鸟：除翼和尾黑褐色、尾下覆羽白而沾红外，其余体羽均为朱红色。雌鸟：除雄鸟的红色部分为黄绿色外，其余同雄鸟。幼鸟：似雌成鸟，纵纹较多。

生境与习性 多栖息于针叶林或混交林中。营巢于树上，巢由落叶松、云杉细枝及苔藓地衣等编制成碗状。每窝产卵3~5枚，卵淡绿白色，具暗色斑点，大小为(19~24.5)mm×(14~17)mm。以云杉、冷杉和落叶松种子为食，亦食其他含油多的植物种子。

留鸟、冬候鸟，旅鸟。河北省内见于山区。张家口境内见于坝下各山区县(区)。

保护级别 三有动物。

分布类型及区系 全北型，古北种。

白翅交嘴雀 | *Loxia leucoptera* 英文名 White-winged Crossbill （燕雀科 Fringillidae）

形态描述 体长150mm。喙黑色，上下喙交叉。雄鸟：具细而黑的贯眼纹，体羽除翼和尾黑色外，其余基本为红色；翼上具两道白色横斑。雌鸟：在雄鸟是红色的部分为黄绿色，纵纹较多。

生境与习性 栖息于针叶林或针阔混交林中。以植物种子为食。

冬候鸟或旅鸟。河北省内迁徙季节见于山区。张家口境内迁徙季节见于坝下各山区县。

保护级别 三有动物。

分布类型及区系 全北型，古北种。

红腹灰雀 | *Pyrrhula pyrrhula* 英文名 Eurasian Bullfinch （燕雀科 Fringillidae）

别名 灰雀牛闷

形态描述 体长145~155mm。喙短而黑，上喙尖，下弯。雄鸟：头顶至枕部、眼周黑色并具光泽；翼和尾黑色，翼上有灰横斑；颊、耳羽和喉红色，背青灰色，胸和腹灰色，稍沾红色；尾上下覆羽白色。雌鸟：黑色部分同雄鸟，仅后颈灰，其余体羽在雄鸟为灰和红色的地方均为灰褐色。

生境与习性 栖于开阔林缘和灌丛中。以植物种子、浆果、芽蕾为食。

冬候鸟。河北省内见于山区。张家口境内见于坝下山地。

保护级别 三有动物。

分布类型及区系 古北型，古北种。

长尾雀

Uragus sibiricus
英文名 Long-tailed Rosefinch
（燕雀科 Fringillidae）

别名 春红

形态描述 体长127~170mm。喙短，浅褐色，呈圆锥状。尾长，外侧尾羽有白斑。雄鸟：翼和尾黑褐色，翼上有两道白横斑；其余体羽近玫瑰红色，头顶、头侧和喉银白，背具纵纹。雌鸟：多灰褐色，纵纹多，无银白色。幼鸟：橄榄绿色，多纵纹。

生境与习性 栖息于开阔的林地和林缘灌间。营巢于灌丛或矮树上，巢多用草茎、叶构成，呈碗状，内铺兽毛和鸟羽等。每窝产卵3~5枚，卵呈蓝绿色，有少量黑斑，大小约为20mm×14mm。以植物种子、昆虫为食。

冬候鸟或旅鸟。河北省内见于山区。张家口境内见于坝下各山区县。

保护级别 三有动物。

分布类型及区系 东北型，古北种。

褐头鹀

Emberiya lruniceps
英文名 Red-headed Bunting
（鹀科 Emberizidae）

别名 红头雀

形态描述 体长约165mm。虹膜褐色，喙浅灰褐色，上喙和喙尖褐色，趾红褐色。雄鸟：夏羽，头、喉及上胸黄栗色，头顶黄色较著；背及肩橄榄黄色，具黑褐羽干纹，腰和尾上覆羽纯金黄色；小翼羽暗褐色，具灰黄窄缘；翅和尾黑褐色，羽缘近白色，外侧1对尾羽淡，具楔状斑；颈侧及下体均呈金黄色，腋羽、翼下覆羽和翼缘均为黄色。雌鸟：夏羽，上体灰褐色，具黑轴纹，头和背相同；后颈纯色，下背和腰灰褐色，后者次端沾黄，翼、尾和雄鸟相似；眼先、眼周灰白色，耳羽淡褐色，颊和下体灰黄或沙灰色，微沾黄色。

生境与习性 栖息于开阔地区的草原、半荒漠的灌丛和草丛中，常落在多水的人造景观中和住宅附近的树上。一般在海拔1000m左右高处，很少到高山上。在树上和草上，也在地面觅食。食物以植物性为主，以各种谷物最多，也有草子和野生植物种子，幼雏多食昆虫和昆虫幼虫。

迷鸟。河北省内偶见于沿海或坝上湿地。张家口境内偶见于坝上地区。

保护级别 三有动物。

分布类型及区系 中亚型，古北种。

小鹀 | Emberiza pusilla 英文名 Little Bunting （鹀科 Emberizidae）

别名 红脸麻串

形态描述 体长130mm。雄鸟：夏羽，头顶和头侧红褐色，头顶两侧具黑色宽带；背沙褐色，具较粗的黑褐色纵纹，腰及尾上覆羽灰褐色，具纵纹，颏和喉栗红色；下体余部白而沾棕色，两侧具黑褐色条纹；冬羽，头顶的宽带区分不明显。雌鸟：似雄鸟冬羽，头顶的宽带区分不明显。

生境与习性 栖息于低山丘陵、荒地灌丛。以细草、毛发和苔藓等营巢于草丛地面。每窝产卵4~6枚，卵呈白色或肉色，具褐色、灰色、紫色斑点及条纹，大小为18mm×14mm。以植物种子、昆虫为食。

冬候鸟或旅鸟。河北省内分布于低山丘陵区。张家口境内各县（区）均有分布。

保护级别 三有动物。

分布类型及区系 古北型，古北种。

芦鹀 | Emberiza schoeniclus 英文名 Reed Bunting （鹀科 Emberizidae）

形态描述 体长150~165mm。雄鸟：夏羽，头部黑色，颚纹白与颈部白环相连；背部棕红具黑粗纹；下体灰白色，胸和腹两侧具褐纵纹；冬羽，头部黑而羽端灰黄色，眉纹米黄色；背部色淡，喉黄灰相杂。雌鸟：似雄鸟冬羽，喉灰褐色，两侧杂黑羽。

生境与习性 栖息于丘陵、平川及沼泽苇塘。地面营巢，巢用枯草茎叶构成，内铺毛发等。每窝产卵4~6枚，卵褐灰色。以昆虫和杂草种子为食。

旅鸟。迁徙季节见于河北省内丘陵区及各类湿地。张家口境内迁徙季节见于坝下丘陵及水域附近滩涂。

保护级别 三有动物。

分布类型及区系 古北型，古北种。

黄喉鹀

Emberiza elegans
英文名 Yellow-throated Bunting （鹀科 Emberizidae）

别名 春暖、黄豆瓣

形态描述 体长 150~155mm。雄鸟：头顶具黑褐色羽冠，头侧黑色，颏、喉、羽冠下和眉纹黄色；背栗色，具黑色纵纹，胸部有半月形黑斑，腹灰白色，具纵纹。雌鸟：色淡且胸部无黑斑。

生境与习性 栖息于低山森林灌丛、河谷、苇塘等处。营巢于地面草丛或灌木下，巢用干草茎、叶、树皮、纤维、松针等筑成杯状，内铺兽毛、羽毛等。每窝产卵 5~6 枚，卵呈灰白色，具深色斑点，大小为 19mm × 15mm。以植物种子、昆虫等为食。

夏候鸟。河北省内见于各市县山区。张家口境内见于坝下山地。

保护级别 三有动物。

分布类型及区系 东北型，古北种。

栗耳鹀 | Emberiza fucata

英文名 Chestnut-eared Bunting （鹀科 Emberizidae）

别名 赤胸鹀

形态描述 体长155~160mm。虹膜深褐色，上喙黑色，具灰边缘，下喙蓝灰色基部粉红；趾粉红色。繁殖期雄鸟栗色耳羽与灰色顶冠及颈侧形成对比，黑色下颊纹下延至胸与黑颈纹相接；上背褐色具粗黑纵纹；肩、下背至腰栗色，颏、喉棕白色；喉两侧黑纵纹直达前胸成"U"型斑，后胸栗色；下体余部棕白色，两胁有黑纵纹。雌鸟与非繁殖期雄鸟相似，色淡而少特征。

生境与习性 喜栖于低山区河谷沿岸草甸或灌丛。以植物叶、茎筑杯状巢。每窝产卵4~6枚，卵青灰色，具淡褐色斑纹。以昆虫为食。

夏候鸟或旅鸟。河北省内见于低山丘陵区及沿海湿地。张家口见于坝下山地及湿地附近草丛。

保护级别 三有动物。

分布类型及区系 东北型，古北种。

白头鹀 | Emberiza leucocephalos

英文名 Pine Bunting （鹀科 Emberizidae）

别名 白冠雀、松树鹀

形态描述 体长170~180mm。雄鸟：夏羽头顶中央白色，两侧黑色；颏、喉及眉纹栗色。背红褐色，具黑褐色纵纹；胸栗红色，胸与喉之间有一半月形白斑。冬羽：头顶和胸部白斑不显，喉褐色。雌鸟：头、胸部无白色，喉米黄色，全身多纵纹。

生境与习性 栖息于低山丘陵与山脚平地的灌丛和林缘。营巢于地面或矮灌木上。巢由草、茎、叶所构成，内铺毛发等。每窝产卵4~5枚，卵红或蓝白色，具褐色或灰色斑点，大小为21mm × 17mm。以昆虫和杂草种子为食。

旅鸟，冬候鸟。河北省内见于山区及冀西北山涧盆地。张家口境内见于坝下各县山地。

保护级别 三有动物。

分布类型及区系 古北型，古北种。

栗鹀 | Emberiza rutile 英文名 Chestnut Bunting （鹀科 Emberizidae）

别名 金钟、红金钟

形态描述 体长145~150mm。雄鸟：头部、背部至尾上覆羽、喉至前胸栗红色；后胸至腹部亮黄色，两侧具纵纹，翼和尾黑褐色。雌鸟：头、肩及背部橄榄褐色，具黑色纵纹，腰和尾上覆羽栗红色，下体全黄且两侧有纵纹。

生境与习性 栖息于低山丘陵的林缘或矮林中，河谷、苇塘也能见到其踪迹。营巢于地面灌丛或草丛下，巢由干草茎、叶、树皮、纤维等筑成杯状，内铺兽毛、鸟羽等。每窝产卵5~6枚，卵沙黄色，有灰褐色或淡绿色斑点，大小为19mm × 15mm。以昆虫、杂草种子为食。

旅鸟。河北省内各地均有分布。张家口境内迁徙季节见于各县（区）。

保护级别 三有动物。

分布类型及区系 古北型，古北种。

白眉鹀 | Emberiza tristrami 英文名 Tristram’s Bunting （鹀科 Emberizidae）

形态描述 体长150~155mm。雄鸟：头部及喉黑色，头顶中央冠纹、眉纹和颚纹白色；背灰褐色，具黑色纵纹；腰和尾上覆羽栗色，前胸和下体两侧栗色，具深色纵纹；腹中央白色。雌鸟：似雄鸟，但头部黑色部分深褐色；喉白色，羽缘黑。

生境与习性 栖息于较茂密森林中的空地处。营巢于灌丛、草丛或地下，巢由草茎、叶、细树根、松针、兽毛等构成。每窝产卵4~6枚，卵灰色，有褐色斑纹。以杂草种子、昆虫等为食，多在林下觅食。

旅鸟。迁徙季节见于河北省内山区。张家口境内迁徙季节见于坝下山地。

保护级别 三有动物。

分布类型及区系 东北型，古北种。

黄胸鹀 | *Emberiza aureola* 英文名 Yellow-breasted Bunting （鹀科 Emberizidae）

别名 烙铁背

形态描述 体长140~150mm。雄鸟：上体栗红色，翼上有白横斑；额、头侧和颏黑色；下体鲜黄色，上胸有栗红色横带，两胁具栗褐色纵纹。雌鸟：有黄色眉纹；背部棕褐色，具黑褐色纵纹；腰和尾上覆羽栗红色；下体淡黄色，两胁有黑褐色纵纹。

生境与习性 栖息于近水的灌草丛。于草丛中以枯草叶营碗状巢，内铺兽毛等。每窝产卵4枚，卵青灰色，具浅褐色斑，大小17mm×13mm。以昆虫、杂草的种子为食。

夏候鸟，旅鸟。河北省内各地均有分布。张家口境内迁徙季节见于各县（区）。

保护级别 三有动物。

分布类型及区系 古北型，古北种。

黄眉鹀 | *Emberiza chrysophrys* 英文名 Yellow-browed Bunting （鹀科 Emberizidae）

形态描述 体长150~155mm。雄鸟：头顶和头侧黑色，眉纹鲜黄色，头顶具白色中央冠纹；背棕褐色，具褐色纵纹；腰和尾上覆羽栗褐色；翼上有两条细白横斑，颏、喉白而具黑色细纹；下体棕白色，前胸和体侧褐而具黑色纵纹。雌鸟：头部黑色淡，近栗褐色，喉近白色，下体纵纹较多。

生境与习性 栖息于低山丘陵、荒山、草原灌丛和农田。以植物种子为食。

旅鸟。河北省迁徙季节见于省内低山丘陵及坝上草原。张家口境内迁徙季节各县（区）均可见到。

保护级别 三有动物。

分布类型及区系 东北型，古北种。

灰眉岩鹀 | *Emberiza godlewskii* 英文名 Rock Bunting （鹀科 Emberizidae）

别名 灰眉

形态描述 体长160~165mm。雄鸟：头顶中央至颈、眉纹、耳羽、喉和胸均为瓦灰色；上背沙褐色，下背至尾上覆羽栗红色，腹部棕红色。雌鸟与雄鸟相似，但颜色较淡。

生境与习性 栖息于多岩石的山林地带。营巢于低地草丛中，巢用干草茎、叶构成。每窝产卵4~5枚，卵呈灰白色，具黑色和褐色线状纹，大小为20mm×15mm。以各种植物种子为食，也食昆虫。

留鸟。河北省内见于北部山地。张家口境内见于坝下山地。

保护级别 三有动物。

分布类型及区系 不易归类型，古北种。

三道眉草鹀 | *Emberiza cioides* 英文名 Meadow Bunting （鹀科 Emberizidae）

别名 三道眉

形态描述 体长160~165mm。喙灰色，上喙色深，下嘴经蓝灰而端部色深；趾浅肉色，虹膜深褐色。雄性：头顶栗色，头侧黑色；眉纹和颊纹灰白色；背栗红色，具黑色纵纹；喉浅灰色，胸和腹侧红棕色；腹中央淡棕色。雌性：体色淡，头顶具纵纹，眉纹土黄色。

生境与习性 多栖息于低山丘陵次生林及岩石较多的山地。发情时雄鸟常站在枝头鸣叫。多单个活动。杂食性鸟类，主要以昆虫为食，也吃杂草种籽。

夏候鸟。冀北、冀西山地均有分布。张家口境内见于坝下山区。

保护级别 三有动物。

分布类型及区系 东北型，古北种。

栗斑腹鹀

Emberiza jankowskii
英文名 Rufous-backed Bunting （鹀科 Emberizidae）

别名 红肚麻雀

形态描述 体长约 160mm。虹膜暗褐色，喙暗褐色，趾淡肉色。头顶、后颈、腰和尾上覆羽砖红色；背栗红色，具黑色纵纹；眉纹灰白色，耳羽褐色，颊白色；颏和喉污白色，胸和腹灰白色，腹中央有一心形深栗色斑。

生境与习性 栖息于荒山灌丛、疏林草地。冬季成小群，以草籽、蝗虫为食。营巢于灌丛。每窝产卵 2~4 枚，卵灰白色，具暗色斑纹。

冬候鸟。河北省内见于北部及东北部山区。张家口境内见于坝下山地。

保护级别 三有动物。

分布类型及区系 东北型，古北种 。

苇鹀

Emberiza pallasi
英文名 Pallas's Reed Bunting （鹀科 Emberizidae）

形态描述 体长 140mm。虹膜深栗色，趾肉褐色。雄鸟：夏羽，头部黑色，颚纹白色，并与颈部白环相连；背部灰褐色，具黑色粗纵纹；下体白色，两侧沾褐色；冬羽，头部黑而羽缘灰黄色，具灰白眉纹，背部颜色浅淡。雌鸟：似雄鸟冬羽，但喉两侧具黑褐色线，下体两侧有褐色纵纹。

生境与习性 栖息于丘陵山地、沼泽地的柳丛、苇丛和蒿丛里。冬季集成百只左右大群。以枯草茎叶等在地面或树枝上筑巢。每窝产卵 4 枚，卵白具暗色纹。以昆虫和杂草种籽为食。

旅鸟。河北省内迁徙季节见于低山丘陵水域附近的灌丛及苇荡。张家口境内各县（区）均可见到。

保护级别 三有动物。

分布类型及区系 东北型，古北种。

田鹀 | *Emberiza rustica* 英文名 Rustic Bunting （鹀科 Emberizidae）

别名 白眉儿、花眉子

形态描述 体长145~150mm。头顶羽毛可竖起似羽冠。雄鸟：夏羽，头顶、后颈和头侧黑，有白眉纹；上体栗色，背部具黑纵纹；颏、喉白色；胸具栗横带；下体中央白色，两侧栗色；冬羽，头部的黑色转为棕褐色，背色稍淡，腹部多纵纹。雌鸟：似雄鸟冬羽。

生境与习性 栖息于田野、林缘、灌丛、苇塘等处。迁徙季节常成十几只至百只以上大群。以植物种子和散落的谷物等为食。

冬候鸟。河北省内各县（区）均有分布。张家口境内见于各县（区）。

保护级别 三有动物。

分布类型及区系 古北型，古北种。

灰头鹀 | *Emberiza spodocephala* 英文名 Grey-headed Bunting （鹀科 Emberizidae）

别名 青头鬼、青头、黑脸鹀

形态描述 体长140~150mm。雄鸟：头部至胸青灰色，背部橄榄褐色具黑色纵纹，腹部柠檬黄色，两胁褐色色具纵纹。雌鸟：头颈与背同色；胸黄色，有纵纹；腹部黄色较淡。

生境与习性 栖息于林缘空地、河谷、草甸、灌丛、道旁。营巢于地面草丛与灌木下，用枯草茎、叶及草根、麻和兽毛等构成。每窝产卵3~6枚，卵多青灰色，具红褐色斑点，大小为19mm×15mm。以昆虫和植物种子为食。

夏候鸟。河北省内各地均有分布。张家口境内见于各县（区）。

保护级别 三有动物。

分布类型及区系 东北型，古北种。

红颈苇鹀

Emberiza yessoensis
英文名 Chinese Reed Bunting （鹀科 Emberizidae）

形态描述 体长140~150mm。雄鸟：夏羽，头部黑色，后颈和颈侧棕红色；背部棕红具粗黑纵纹；下体淡棕白色，两胁具浅褐色纵纹；冬羽，头部黑而羽端灰黄色，眉纹土黄色，背部色淡。雌鸟：近似雄鸟冬羽，头部偏褐色，喉白色。

生境与习性 栖息于林缘和近水域的灌丛以及沼泽苇塘。地面营巢，巢用草叶、茎和马尾等构成。每窝产卵5~6枚，卵呈灰白，大小为17mm×13mm。以昆虫和杂草种子为食。

旅鸟。迁徙季节见于河北省内山区林缘、灌丛或各县区水域沼泽。张家口境内迁徙季节见于坝下水域附近。

保护级别 三有动物。

分布类型及区系 东北型，古北种。

食虫目

东北刺猬 | *Erinaceus amurensis* （猬科 Erinaceidae）

英文名 Hedgehog

别名 刺猬、猬刺、球子、普通刺猬

形态描述 体长220~260mm。体粗短而肥胖，略呈圆形。全身如刺球，棘刺短而硬。头宽，吻尖，耳长不超过周围棘长。由头顶向后至尾上部被硬而尖的棘刺，仅吻端和四肢足垫裸露处无棘刺。头顶部的棘刺向左右两侧分披。遇惊时体蜷曲成刺球状。棘刺由两种颜色组成，一种基部白或土黄色，上端呈棕色，较长；再后为白色，尖端棕色，致使其整个体色呈浅土棕色；另一种棘刺全为白色，但为数较少，个别棘的尖端呈棕色。

生境与习性 栖息类型广泛。常在树根、倒木、灌丛、石隙、墙角及废物堆下等较隐蔽的地方做窝栖居。主要以昆虫及其幼虫为食，兼食蛇、蛙、蜥蜴、啮齿类等小型脊椎动物，亦取食鸟卵及幼鸟，偶尔也吃少量植物性食物。

河北省各地均匀分布。张家口境内各县（区）均有分布。

保护级别 三有动物。

分布类型及区系 不易归类型，广布种。

达乌尔猬 | *Hemiechinus dauricus* （猬科 Erinaceidae）

别名 短刺猬、蒙古刺猬

形态描述 体长170~250mm。耳长，前折可达眼部，显著超过周围棘刺。尾较短，稍超过后足长的一半。四肢粗短强健。趾行性。背浅褐色，无全白棘刺，棘刺黑褐色，基部及刺端有2个白节环或达尖端，使整个背面灰白色。头顶棘刺不披分，较背色淡，呈淡黄灰色，眼周围以及鼻端具少量暗灰色毛；耳覆灰白绒毛。咽喉、胸及腹灰白色或橘黄色。

生境与习性 栖息于草原及有柳或柽柳等植被的沙丘上。夜间活动，白昼多隐匿在洞穴中。有冬眠习性。食性以动物性食物为主。

河北省见于坝上地区。张家口境内分布于坝上草原区。

分布类型及区系 草原型，古北种。

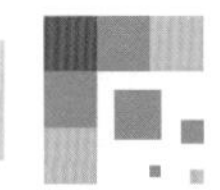

翼手目

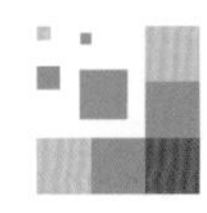

马铁菊头蝠 | Rhinoiophus ferrumequinum 英文名 Greater Horseshoe Bat （菊头蝠科 Rhinolophidae）

别名 菊头蝠

形态描述 体长50~75mm。全身毛柔软。体背浅棕灰色。毛基棕白，毛尖棕褐。背中央色浅，体背后端及两侧色较深。腹部浅棕白色，两侧较深。翼膜黑褐色，前后肢间腹面翼膜具稀疏白毛。后肢与尾之间翼膜白毛稀少。后肢趾部具毛，疏而长，背毛浅棕褐，腹毛白色。

生境与习性 白天栖于岩洞、建筑物或庙宇等缝隙中，黄昏后飞出捕食。栖息时以后足倒挂岩石缝隙间。冬眠时单只悬挂在10米左右深、有滴水、较潮湿的山洞内。与东方蝙蝠等种类同时栖息山洞内。11月冬眠、翌年4月出蛰。6月上旬产仔，每胎一仔。

河北省分布于太行山和燕山山区。张家口境内见于坝下山地。

分布类型及区系 不易归类型，广布种。

普通伏翼 | Pipistrellus abramus 英文名 Japanese Pipistrelle （蝙蝠科 Vspertilionidae）

别名 伏翼、家蝠、家伏翼、黄头油蝠

形态描述 体长37~47mm。前臂长约32~35mm。头宽短。耳壳较小，略呈三角形。耳屏狭长，超过耳壳长一半，前端不尖锐。身体毛密柔软。体背毛灰褐色，色泽均匀。背毛基黑褐色，毛尖浅灰褐色。毛基色所占毛长的比例较大。腹毛灰白色，毛基黑灰色，毛尖污白色。毛基所占毛长比例大于毛尖。颈背部、两侧毛基黑褐色较浅，褐色较重。紧靠身体两侧的侧膜背腹面均有毛，同体背腹色。股间膜尾基两侧也具毛，同背色。爪灰白色。

生境与习性 常见的一种蝙蝠，尤以城市及村镇附近更为常见。栖息于房屋屋檐下或古老的房屋中，也常隐匿在屋顶瓦隙或树洞中。黄昏和天亮前飞出捕食。秋冬冬眠，4月初气温达16℃时即可出蛰活动。夏季繁殖，每胎产2仔。

河北省分布于各地。张家口境内各县（区）均可见。

分布类型及区系 季风型、东洋种。

大耳蝠 | *Plecotus auritus* 英文名 Long-eared Bat （蝙蝠科 Vspertilionidae）

别名 兔蝠、兔耳蝠、长耳蝠

形态描述 体长46~57mm。前臂长40mm左右。尾长几与体长相等。耳大，椭圆形，耳长显著超过头长，约为体长的70%。耳内缘基部左右几乎会合。耳壳内缘基部上方向内形成一明显的侧突。体毛细长柔软。体背毛色灰黄褐色，毛基黑灰色，中段黄白色，毛尖黄褐色。中央较深而两侧较浅。腹面黄白色，腹毛毛基黑灰色，毛尖污白或棕白色。爪灰褐色。

生境与习性 单独栖息于树洞、岩石缝隙和屋顶棚下。分布海拔较高（1000~2000m）的山地。活动于林间，晨昏捕食，尤以黄昏后活动较频繁。冬季冬眠于树洞或岩石缝中。6月产仔，每胎产1~2仔。

河北省分布于燕山山区。张家口境内见于蔚县、涿鹿、怀来及赤城县山区。

分布类型及区系 喜马拉雅—横断山区型、东洋种。

东方蝙蝠 | *Vespertilio superans* 英文名 Eastern Bat （蝙蝠科 Vspertilionidae）

别名 蝙蝠、褐黄斑蝠、雏蝠、大蝙蝠

形态描述 体长53~65mm。前臂长46mm以上。耳短宽略呈三角形。耳屏前端钝圆，耳屏约为耳长的1/2。耳壳背面内侧具暗黑褐色毛，眼圆而大，明显。吻鼻部裸露。翼膜较狭短。后肢较短。体毛浓密、细长而柔软。背毛暗黑褐色，仅毛尖呈灰白或污白色，形成银色光泽，杂有花白斑驳，尤以体背后方明显。腹毛基棕褐色，毛尖污白带黄色。腹面两侧浅灰而黄色加深。头顶两耳间具一条黄绿色窄带。头顶毛无白色毛尖。爪黑褐色。

生境与习性 白天栖息在较暗的建筑物隙缝或树洞中，常以后肢倒挂而栖。佛晓前及黄昏时外出觅食，以昆虫为食。飞行呈波状，颇为迅速，可突然变换方向而不减低飞行的速度。甚至可急转360°追捕昆虫。每年产1胎，春末产仔，每胎产2仔，6~7月间哺乳。

河北省多见于平原，偶尔出现于山区。张家口境内偶见于西部丘陵区。

分布类型及区系 季风型、广布种。

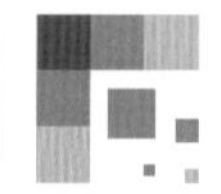

兔形目

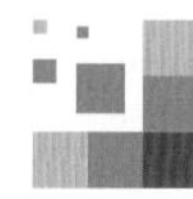

草兔 | Lepus capensis 英文名 Cape Hare （兔科 Leporidae）

别名 蒙古兔、野兔、山兔、兔子

形态描述 体长405~470cm。耳长，耳尖黑色。尾背面中央有一长而宽的黑色纵纹，其边缘及尾腹面毛色全白，直至尾基。后肢长于前肢，适于跳跃。冬毛长而蓬松，一般背部为沙黄色，带有黑色波纹，腹面白色。鼻部与额部毛黑尖较长，鼻两侧、眼周、耳基部毛色浅，耳尖端背面毛黑色，耳壳外呈棕色，内侧为棕灰色。颈背毛浅棕色，臀部为沙灰色。夏毛为淡棕色，在身体两侧白色针毛较冬毛少。

生境与习性 栖息环境多样，除繁殖期外无固定的巢穴。多在夜间活动、觅食。以嫩枝、叶等绿色植物为食，亦吃作物的种子、块根、块茎等。

河北省各地有分布。张家口境内见于各县（区）。

保护级别 三有动物。

分布类型及区系 不易归类型，广布种。

啮齿目

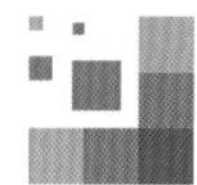

达乌尔黄鼠 | *Citellus dauricus* （松鼠科 Sciuridae）

别名 草原黄鼠、大眼贼、豆鼠子、蒙古黄鼠

形态描述 体长185~230mm。眼大，耳廓小，尾较短，尾长不超过体长之半。背部毛色为黄褐色，体侧为沙黄色。背毛基部灰色，末端沙黄色。额及头顶部毛短，呈黄褐色，两颊灰黄色。眼周有细的污白色圈。腹部毛色淡黄色。尾背面颜色与体背相似，尾端毛为3色，基部黄褐色，中间黑色，尖端黄白色。夏毛色浅，换毛后毛色较深。

生境与习性 栖居于草原、半荒漠及开阔的农作区，喜独居。通常有一个居住洞和数十个临时洞，前者深且有巢，后者浅而无巢。具冬眠习性，9月末至10月末入蛰，次年3月中旬至4月中旬出蛰，性多疑且机敏。食物以植物为主，偶尔捕食昆虫。

河北省内各县均有分布。张家口境内见于各县（区）。

保护级别 三有动物。

分布类型及区系 草原型，古北种。

岩松鼠 | Sciurotamias davidianus （松鼠科 Sciuridae）

别名 石老鼠、扫毛子、松鼠、毛老鼠

形态描述 体长200~250mm，尾长超过体长之半。耳长，毛短，耳端无丛毛。有颊囊。尾毛蓬松稀疏。身体背部及四肢外侧褐黄色，毛基灰色，毛尖褐黄或褐黑色。鼻前部淡黑，眼眶周围有白色圈，耳壳背部有灰斑，下颚呈污白色。腹面及四肢内侧浅黄灰色，毛尖稍带沙黄色。尾背面毛色褐黄，尾尖白，尾腹面色淡。

生境与习性 主要栖息于山地丘陵、岩石较多的地区。窝巢常筑于岩石石缝及石洞中。白天在岩石处、灌丛或树上活动，甚至在农田中都可遇到，活动范围较大，攀缘跳跃能力强。性机敏。食物主要为坚果及野生植物种子。不冬眠，有贮存食物现象。每年繁殖1~2次，每胎产2~5仔，幼仔1个半月可独立生活。

河北省内见于山区各县。张家口境内各县（区）均可见到。

保护级别 三有动物。

分布类型及区系 不易归类型，古北种。

花鼠 | *Eutamias sibiricus* 英文名 Western Chipmunk （松鼠科 Sciuridae）

别名 五道眉、花狸棒、毛格狸

形态描述 体长123~150mm。耳壳无簇毛。背毛黄褐色，具有5条黑或黑褐色纵纹，纵纹间夹有灰色条纹。额、头顶暗褐色，颊有短条纹，自吻沿眼眶上缘至耳基有1条黄白纹，眼后角至耳基前有1条短暗褐色条纹，眼下缘至耳基为1条略宽黄白纹，再下方为一自吻端至耳基暗褐色纹。尾基棕黄色，中间黑色，毛尖黄色，背面呈黑及淡黄色，并隐约有霜白，腹面观可见黑白两色环。

生境与习性 栖息生境较广泛。在腐朽的倒树下或树根基部筑洞，洞型较简单。严冬季节冬眠，遇有惊扰可苏醒活动。食性较杂，喜食坚果、浆果及其他植物种子，亦食农作物种子及幼苗，并有残食野鼠现象。

河北省内各山区县均分布有布。张家口境内见于各县（区）。

保护级别 三有动物。

分布类型及区系 古北型，古北种。

隐纹花松鼠 | *Tamiops swinhoei* （松鼠科 Sciuridae）

别名 三道眉、花松鼠、豹鼠、白颊花松鼠

形态描述 体长 110~150mm。体背及体侧、后肢外侧深灰褐色，背部中央有 3 条黑褐色纵纹，两侧各有一黄白条纹．眼圈黄，颈、头顶及肩前棕褐色，两颊有黄白条纹，与体背条纹不相连。耳廓边缘为浅黄色，上有黑白短丛毛，耳壳前面略黄，背面毛基黑褐色，上端灰褐色。腹部灰白色。尾背面毛基灰色，下半黑色，上半部赤黄色，毛尖黄白色。尾腹面毛与背面相近，色较重。

生境与习性 多栖息于林区，见于林缘及灌丛地带。清晨及黄昏时活动频繁。常在树洞或树杈间营巢，亦在山石缝中筑巢，巢由羽毛、树叶、茅草、树皮等构成。食物较杂，主要以坚果、浆果等为食。每年春、秋季节各繁殖 1 次，每胎产 3~5 仔。不冬眠。

河北省内分布于承德与张家口山区。张家口境内见于蔚县与泳鹿山区。

保护级别 三有动物。

分布类型及区系 东洋型，东洋种。

复齿鼯鼠 | *Trogopterus xanthipes* 英文名 Complex-tooth Fly Squirrel （松鼠科 Sciuridae）

别名 寒号鸟、树标子、飞虎

形态描述 体长 220~280mm，尾长 160~340mm。体赭褐，耳基被有黑色簇状长毛，前后肢间有皮膜相连，与腹面同色，尾毛长而蓬松。体背毛色褐黄，基部黑灰，毛尖淡黄；额部杂有灰白色毛；颈较背部黄色明显。耳前侧及吻橘黄色。腹毛灰白，毛尖具淡橙色。前后肢之间的飞膜与腹面相同，仅边缘灰白且有淡橙色毛，背腹面分界清晰。尾背面毛色较体背毛色浅，尾端毛黑色，尾腹面毛浅黄或黄褐色。前后足背面为橙黄色，后足杂有灰黑色。

生境与习性 多栖息于山地林区，常在陡峭的石洞、石缝、树洞等处以杂草、树枝、树皮、羽毛等营巢。昼伏夜出，清晨和黄昏时活动频繁。活动时攀爬与滑翔交替，可由高处向低处滑翔数百米。习惯在固定的地方排泄粪便，晚上可听到“哩——嘟罗——嘟罗”的叫声。食物主要以柏树叶为主，亦啃食树皮及柏籽。每年春季繁殖一次，每胎 1~3 仔。

河北省分布于山区。张家口境内见于蔚县、涿鹿及赤城等坝下山区县。

保护级别 省级重点保护动物。

分布类型及区系 中亚型，古北种。

棕背䶄 | *Clethrionomys rufocanus* （仓鼠科 Cricetidae）

别名 红毛耗子、山鼠

形态描述 体长 80~135mm。耳较大，大部分隐于毛中。四肢短小，毛长而蓬松。蹠下被毛，足垫 6 个。额、颈、背至臀部均为红棕色，毛基灰黑色，毛尖红棕色。体侧灰黄色。背及体侧均杂有少数黑毛。吻端至眼前为灰褐色。腹毛污白色。颊和四肢内侧毛色较灰，腹部中央略微发黄。尾的上面与背色相同，下面灰白色。冬毛和夏毛的颜色相似，但有的个体变异呈褐棕色；幼鼠毛色普遍较深。

生境与习性 典型的森林鼠类。最适生境是采伐迹地。常居住在林内的枯枝落叶层中，在树根处或倒木旁经常能发现其洞口。冬季在雪层下进行活动，在雪面上有洞口，雪层中有纵横交错的洞道。夜间活动频繁，但白天也偶有所见。食性有季节性差别。主要的食物以植物球茎、块根、种子和嫩绿部分等。常攀登在小枝上，啃咬树皮和植物的绿色部分。

河北省内各山区均有分布。张家口境内见于各县（区）。

分布类型及区系 古北型，古北种。

黑线仓鼠 | *Cricetulus barabensis* 英文名 Chinese Hamster （仓鼠科 Cricetidae）

别名 背纹仓鼠、搬仓子、花背仓鼠、大腮鼠

形态描述 体长 60~120mm。吻短而钝；颊部有颊囊而显得比较膨大。耳圆形，具有白色边缘。身体背面从头到尾、颊部、体侧和四肢背面均为黄褐色或灰褐色，体色常因分布地区不同而异。背部中央有一黑色纵纹，并在额顶部增宽形成一个黑色毛区。颌下、四肢内侧及腹面均为灰白色。背、腹部毛色之间分界清晰。尾背面黄褐色，下面白色。

生境与习性 栖息生境广泛。洞穴结构简单，分为临时洞和居住洞、贮粮洞、长居洞等类型。巢呈圆形浅盘状，结构疏松。巢壁多以刺蓟、沙蓬、灰菜和谷黍叶筑成。内垫白草、莎草等，有的巢有毛发和羽毛等。营夜间活动。繁殖力强，每窝产仔 4~8 只。食性甚杂，以作物和植物种子为食。

河北省各地有分布。张家口境内见于各县（区）。

分布类型及区系 东北—华北型，古北种。

长尾仓鼠 | *Cricetulus longicaudatus* （仓鼠科 Cricetidae）

别名 搬仓

形态描述 体长 70~100mm。背面无黑色纵纹；尾较长，约占体长的 1/3~1/2；耳较长，具灰白色边缘。有颊囊。夏毛体背沙灰到灰色，并夹有黑色毛尖；毛基部灰色。背中部比体侧略深，但不形成黑色条纹。口须基部及整个腹面均为纯白色。腹毛基部灰色，毛尖白色。耳壳有白色银边，在耳尖处更为明显。尾 2 色，上面与背部毛色相近，下面为白色。

生境与习性 常栖息在山地草丛及林间空地、灌丛、河边柳林、丘陵、沟壑、白桦—山杨次生林地和油松幼林地等。巢多为盘状，结构疏松易散。巢材常以杂草叶构成。巢底及周围堆有杂草和粪便。夜间活动。以植物的种子为食，也吃昆虫。

河北省各地有分布。张家口境内见于各县(区)。

分布类型及区系 中亚型，古北种。

大仓鼠 | *Cricetulus triton* （仓鼠科 Cricetidae）

别名 齐氏鼠、大腮鼠、搬仓

形态描述 体长 110~191mm。外形与褐家鼠近似，但具颊囊。尾短。耳短圆，具灰白色窄缘。背毛深褐色，毛基灰黑色，毛尖灰黄色，也有部分毛尖黑色。背面中部黑尖毛略显加重，但不形成黑色条纹；下颏、前肢内侧和胸部中央白色，腹面其余部分灰白色；背腹毛色在体侧无明显界线。耳的内外侧均被棕褐色短毛，边缘灰白色短毛形成一淡色窄边。后足背面为纯白色，蹠部裸露。尾毛短而稀疏，尾端毛常为白色。

生境与习性 主要栖息于土质疏松而干燥、离水较远和高于水源的农田、菜园、荒地，以灌丛、林缘、次生林和田间荒地较为常见。鼠洞较为复杂，洞口洞道垂直于地面，洞穴深而长，洞内有仓库、巢室。洞口明暗两种。以植物种子为食。无冬眠现象。性暴躁，好斗，常攻击小型鼠类。

河北省各地均有分布。张家口境内见于各县(区)。

分布类型及区系 东北—华北型，古北种。

棕色田鼠 | *Microtus mandarinus* 英文名 Mandarin Vole （仓鼠科 Cricetidae）

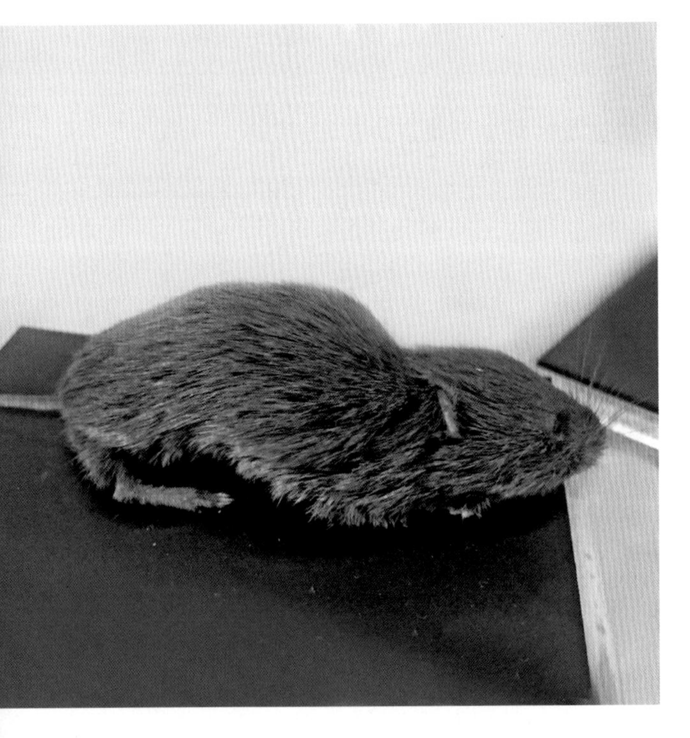

别名 北方田鼠、维氏田鼠

形态描述 体长 80~130mm。杂有黑毛，腹毛基灰色，毛尖浅杏黄色。耳小，几乎隐于毛内。足背稍带白色，蹠部略呈浅黄色。尾两色，上面的颜色与体背相近，下面发白，与足背的颜色近似。被毛厚而且长，背中部的冬毛可达 11mm。尾短小。身体呈圆桶形，静止时缩成短粗状。

生境与习性 家族或群居性种类。栖居湿润环境。主要营地下生活，洞系构造较为复杂，洞系大体由洞道、仓库及巢室等部分构成。巢分为卵圆形和球形两种，结构紧密结实，巢材多用农作物叶子组成；中层用柔软的狗尾草、白草、沙草、小麦和稻叶构成。多以植物的根、茎及绿色部分为主要食料。喜食多汁液的根部。

河北省内各地有分布。张家口境内见于各县（区）。

分布类型及区系 东北—华北型，古北种。

莫氏田鼠 | *Microtus maximomiczii* （仓鼠科 Cricetidae）

别名 沼地田鼠、黑耗子、水耗子

形态描述 体长 70~155mm。身体黑棕色，腹部污白色；尾生密毛，掌、蹠基部生毛，足垫 6 枚。头顶及背部均为黑棕色，体侧略浅，但棕色较浓。腹毛污白色，与体侧的深色分界明显，毛基深灰色，毛尖白色。前、后足背的颜色同背面一致，腹面较黑。尾 2 色，上面黑色，下面灰白，但夏毛的二色差异不甚明显。

生境与习性 主要栖息于草原，谷地、采伐迹地和林区房舍内也偶有见到。洞穴简单，洞口明显，内有巢室和仓库。巢室圆形，窝内铺垫着厚厚的禾本科植物。喜湿，能游过草原上的小河。夜间活动，有固定路线蹑行，行动迟缓，除啮食苔草外，也吃大叶草、种子和块根等。

河北省内分布于坝上地区。张家口境内见于坝上各县（区）。

分布类型及区系 东北—华北型，古北种。

草原鼢鼠 | *Myospalax aspalax* （仓鼠科 Cricetidae）

别名 瞎老鼠、地羊、达乌里鼢鼠

形态描述 体长140~290mm。似鼹鼠，但较粗壮，四肢短。毛色较淡，多为银灰色而略带淡赭色，毛根灰色。上、下唇一般为纯白色，有时延伸至鼻的上部；额头部仅有少数个体有非常细小的白色斑点。头顶、背部以及身体两侧的毛色相同，毛基为灰色，具淡赭色毛尖；腹面毛基灰黑色，毛尖污白色。尾毛稀短，白色，后足背面也具白色短毛。

生境与习性 主要栖息在松软的草原、农田以及灌丛、半荒漠地区的草地上。营地下生活，掘洞觅食，夜间也可到地面。在其生活区域，地面有许多排成直线或弧形的掘洞时推出的土丘，大小不一。洞道较长，夏季洞道距离地面约30~50cm，冬季可达2m，位于冻土层以下。主要以植物的地下部分为食，在地下挖掘洞道觅食，冬季有贮食的习性。

河北省内分布于坝上草原。张家口境内见于坝上地区。

分布类型及区系 全北型，古北种。

东北鼢鼠 | *Myospalax psilurus* （仓鼠科 Cricetidae）

别名 地排子、瞎老鼠、华北鼢鼠、地羊

形态描述 体长145~210mm。吻钝。耳壳不发达，隐于毛被下方。眼极小．尾甚短，几乎完全裸露，仅具极稀疏的白色短毛。前肢有强大的爪，以第三指上的爪最长，适于挖掘，后肢爪较前肢尾弱。体毛细软而富有光泽，夏毛浅棕灰色，吻部周围色淡，吻端污白，在额部中央有一白斑，大小不等。头顶及体背均为浅棕灰色，毛基黑灰色，毛尖浅红棕色。体侧及前后肢外侧毛色与背相同。腹面灰色，具淡褐色毛尖，与侧面的毛色无明显界限。尾与后足裸露，具稀疏的白色短毛。

生境与习性 栖息环境广泛。洞道较复杂，在地面无明显的洞口。简单的洞道仅一条弯曲的主洞，两侧有数条分枝，为巢室或粮仓。复杂的洞道分枝极多，相互连通成网状。巢室与仓库距地面可达95cm，离室较远的洞道深仅有16cm。巢室较大，铺垫杂草做成窝。昼夜活动。以植物地下根、茎为食，亦食绿色植株、种子及少量昆虫。

河北省内各地有分布。张家口境内见于各县（区）。

分布类型及区系 华北型，古北种。

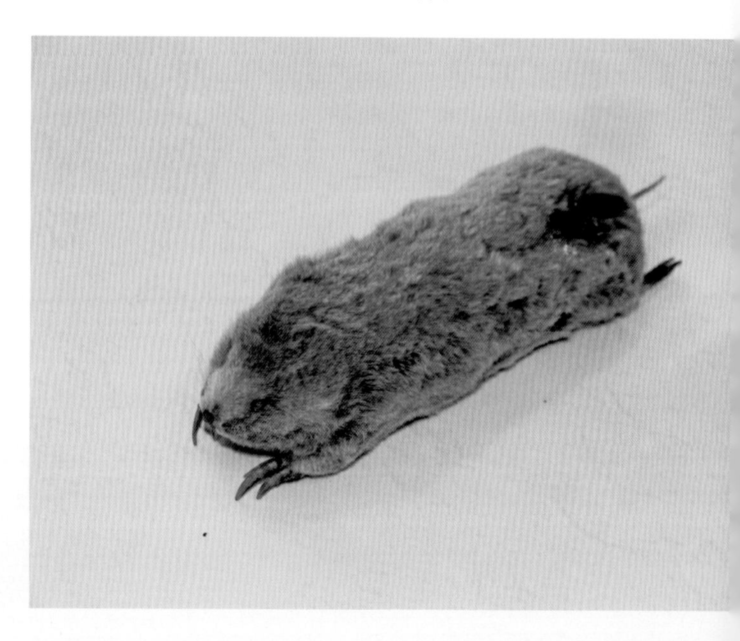

中华鼢鼠 | *Myospalax fontanieri* （仓鼠科 Cricetidae）

别名 瞎老鼠、瞎鼢、方氏鼢鼠

形态描述 体长105~270mm。前足较东北鼢鼠细小，爪较短。头顶、身体背面及侧面毛基灰褐色而发亮，毛尖带明显的锈红色。额部中央具一白斑点，唇周围白色不明显，吻上方淡色区域较小，耳不露于毛外。身体腹面灰黑色，毛尖稍带锈红色。尾及前后足背面均具稀疏白色短细毛。

生境与习性 栖息于各种生境中。营地下生活，昼夜活动。洞道复杂，分为洞道和“老窝”。在洞道两侧，常掘许多觅食的洞，具临时贮存食物的仓室。食性广，包括各种农作物、蔬菜、牧草、果树的根部等。

河北省内分布于张承地区。张家口境内见于各县（区）。

分布类型及区系 华北型，古北种。

黑线姬鼠 | *Apodemus agrarius* 英文名 Striped Field Mouse （鼠科 Muridae）

别名 田姬鼠、黑线鼠

形态描述 体长65~120mm。身体背面棕褐色，或呈现锈红褐色；背部中央从两耳之间后延至尾基，成黑色纵纹；背毛基部暗灰色，中部棕黄色，毛尖深褐色。腹面和四肢内侧灰白色，毛基深灰或灰黑色。体侧棕黄，并杂有少量带白尖的灰毛。尾的背面棕灰色，尾端色较深，两侧及腹面呈白色；尾毛稀疏，尾轴鳞片裸露，尾环也较明显。

生境与习性 栖息环境广泛。鼠巢分为巢室或仓库，巢室距地面不及1m，内有松软的垫草。仓库内常贮有粮食和草籽。一般有3~4个洞口，也有暗窗，洞径2.0~2.5cm。食性较杂，一般以粮食和植物为主。

河北省各地有分布。张家口境内见于各县（区）。

分布类型及区系 古北型，广布种。

巢鼠 | Micromys minutus
英文名 Harvest Mouse （鼠科 Muridae）

别名 麦鼠、禾鼠、圃鼠、矮鼠

形态描述 体长50~90mm。尾略大于体长，能够卷曲，末端背面裸露。臀部周围呈棕褐色。耳短，圆而薄，四肢细弱。吻很短；头圆，较短。个体毛色变化很大。背部由沙黄、棕黄、黑褐直至赤褐色。体侧毛色较浅。腹毛灰白或污黄色，毛基浅灰色。额部颜色与背部相似，臀部周围呈棕褐色。四肢外侧和两颊的毛色同于体侧，四肢内侧则同于腹毛之色。尾毛不发达，通常背面为黑褐色，下面色浅。

生境与习性 喜居水塘、河谷周围灌丛杂草中。筑球形巢于植物中部和基部。喜食稻子、玉米、谷子、大豆等粮食。夜间活动。喜攀缘。

河北省内见于坝上草原。张家口境内多见于坝上各县（区）。

分布类型及区系 古北型，广布种。

小家鼠 | Mus musculus
英文名 House Mouse （鼠科 Muridae）

别名 小老鼠、小耗子、鼷鼠

形态描述 体长50~100mm。尾长不及体长，但超过体长的2/3。吻短而尖。耳形圆，明显突出毛外。后足较短。毛色变异较大。背毛棕灰、灰褐或黑褐色。腹毛基部灰色，尖端白色，故腹面呈灰白或白色。背和腹毛分界不明显。尾上面棕褐或黑褐色，下面白或稍带黄色。前后足背面呈暗褐或牙白色。

生境与习性 广栖型鼠类。鼠巢呈球形或碗状，洞穴比较简单。雄鼠巢小而结构疏松，巢材粗糙；雌鼠巢大而结构紧密，材料亦柔软。食性杂，以粮食为主。晨昏活动多。除交尾期外，都是雌雄分巢，雄鼠巢区比雌鼠略大。

河北省各地有分布。张家口境内各县(区)均可见到。

分布类型及区系 古北型，广布种。

褐家鼠 | *Rattus norvegicus* （鼠科 Muridae）
英文名 Brown Rat

别名 大家鼠、灰家鼠、沟鼠

形态描述 体长 125~240mm。尾长短于体长.体毛棕褐灰色。耳较短，向前折不达眼。头和背中央毛色较深。背中央杂生粗长针毛，具光泽；体侧毛色略浅；腹毛基部深灰色，毛尖浅灰色，略泛乳黄，背腹之间毛色在体侧无明显界限。前后足背毛白色；尾双色，上面黑褐色，下面灰白色。尾鳞环明显，鳞片基部生有白色和褐色细毛。

生境与习性 广栖型鼠类。洞穴位于易于觅食和饮水的地方，有巢室和仓室之分。食性很杂，昼夜活动。多群居。有按空间和时间分群倾向。繁殖力很强。

河北省各地有分布。张家口境内见于各县（区）。

分布类型及区系 古北型，广布种。

五趾跳鼠 | *Allactaga sibirica* （跳鼠科 Dipodidae）

别名 五趾跳兔、跳兔、马兔、硬跳儿、沙跳儿

形态描述 体长 105~180mm。头圆，吻钝，耳前折可达鼻端。后肢特长，明显超过前肢，适于跳跃。尾长大于体长，末端有黑白相间的长毛束。背部及四肢外侧毛尖浅棕黄色，毛基灰色。头顶及两耳内外均为淡沙黄色，两颊、下颌、腹部及四肢内侧为纯白色；臀部两侧各形成一白色纵带，向后延至尾基部分。尾背面黄褐色，腹面浅黄色，末端有黑、白色长毛形成的毛束，黑色部分为环状。

生境与习性 夜行性动物。栖息于荒地、荒漠沙丘及平坦的草原等地段。黄昏活动频繁，白天偶尔出洞活动。有临时洞穴与栖居洞穴之分。栖居洞穴较复杂，洞口分为掘进洞口、进出洞口及备用洞口 3 种。有冬眠习性。每年自 9 月上旬起陆续进入冬眠，直至翌年 3~4 月醒蛰出洞觅食。以植物性食物为主。

河北省内分布于坝上地区。张家口境内见于坝上 4 个县（区）。

分布类型及区系 中亚型，古北种。

偶蹄目

狍 *Capreolus capreolus*
英文名 Roe Deer （鹿科 Cervidae）

别名 狍子、狍鹿、野鹿、麞狍、矮鹿

形态描述 中型鹿科动物，体长约1m。仅雄性有角，角较细短，分3叉，无眉叉。吻端裸露。尾甚短，隐于体毛内。体毛棕色，尾短，隐于体毛之内。冬毛臀有白斑。四肢细长，后肢稍长于前肢；蹄狭长而尖，黑色，有蹠腺，趾腺呈线袋形，侧蹄短，一般不着地。

生境与习性 栖息于稀疏的混交林和多草的灌丛地带，山区林缘或河谷、草原的沼泽苇塘亦可见其踪迹。晨昏活动频繁。性胆怯，机警灵活，嗅、视、听觉均很发达，善奔跑。喜食灌木的嫩枝、芽、树皮和青草。冬季亦食干草、地衣、苔藓，榆、杨、桦等的叶、芽或嫩枝、浆果等均可为其食物。

河北省内山地有分布。张家口境内各地均有分布。

保护级别 省级重点保护野生动物。

分布类型及区系 古北型，古北种。

斑羚 *Naemorhedus goral*
英文名 Goral （牛科 Bovidae）

别名 青羊、山羊、悬羊

形态描述 体长100~160cm。四肢短，蹄狭窄；具黑色短直角，除角尖段外，其余部分表面具显著横棱，角尖处略向下弯曲，角基部相距甚近。两耳直立。吻鼻端裸露面较大，向后延伸至鼻孔的后面。被毛丰厚，多为灰棕褐色。颌和喉部呈棕黑色，两颊及耳背面棕灰色，下颌有一白斑。颈部有较短的鬃毛，向后形成背纹。尾短，毛蓬松。

生境与习性 主要栖息于山地森林，常在山顶岩石堆或峭壁裸岩地区活动，有较固定的栖息地。有时3~5头成群活动，有时单独或成对活动。早晚活动和觅食，有季节性的迁移。以各种植物为食。

河北省内见于冀北、冀西山地。张家口境内见于山区各县（区）。

保护级别 国家II级重点保护野生动物。

分布类型及区系 季风型，东洋种。

黄羊 | *Procapra gutturosa* 英文名 Mongolian Gazelle （牛科 Bovidae）

别名 蒙古瞪羚、蒙古原羚、短尾巴黄羊

形态描述 体长超过 110cm。四肢细长，尾短，臀斑白色。仅雄性有角，角短尖，角上有等距棱环，角尖平滑无节纹，且略向内后方弯曲。夏毛红棕色，头两侧淡黄色，四肢赭黄色。颌、上喉、腹部及四肢内侧均白色，延伸到臀部成白色臀斑，中央有一浅棕色狭纹。尾棕色。冬毛色浅，略带浅红棕色，杂有白毛，臀斑白色显著。

生境与习性 典型的草原动物，以集群方式生活。多栖息于草原、丘陵、草甸、低山荒漠、半荒漠草原。随季节变化有迁移现象。经常数十头成群栖居，秋季常常集合成大群。晨昏活动最为频繁，性机警，善奔跑。以草本植物为主要食物，多见禾本科、豆科、菊科等植物。在发情期，雄性有争偶角斗现象，但不十分激烈。每年产 1 胎，偶有 2~3 胎，每胎 1~2 仔，2 岁达到性成熟。

河北省内见于坝上草原。张家口境内见于坝上各县。

保护级别 国家 II 级重点保护野生动物。

分布类型及区系 中亚型，古北种。

野猪 | *Sus scrofa* 英文名 Wild Boar （猪科 Suidae）

别名 山猪

形态描述 体长 120~141cm，尾长 24~26cm。似家猪。头较长，吻突出有鼻盘。犬齿发达呈獠牙状，耳直立，肩高于臀。四肢短。毛多棕褐或黑色，身体被有坚硬土黄色针毛，面颊和胸杂有灰白斑，背正脊鬃毛显著。幼猪淡黄褐色，背部有 6 条淡色纵纹。

生境与习性 栖息类型广泛，有一定领域性。多喜茂密灌丛、低湿草地和食物丰富的阔叶林中居住。无固定巢穴。除成年雄猪常单独活动外，其余成群游荡，少则几头，多则十几头。杂食性，食物种类广泛。野猪群活动有一定的范围，其大小取决于食物的丰富度与环境条件。

河北省内山区均有分布。张家口境内见于各县（区）。

保护级别 三有动物。

分布类型及区系 古北型，广布种。

食肉目

狼 | *Canis lupus* 英文名 Wolf （犬科 Canidae）

别名 张三儿、灰狼、土狼、青狼

形态描述 体长1010~1400mm，尾长290~490mm。外形似犬，通常耳直立，吻部略尖；鼻垫宽厚，全裸。体色暗黄、灰棕，头浅灰，背毛棕黑相杂，体侧和四肢外侧毛色略淡，腹和四肢内侧白，腹部稍棕。眼窝附近和鼻部上方棕色，额顶和上唇暗灰色，尾灰棕色，尾尖黑色。尾始终下垂，从不上卷，尾毛蓬松，毛尖黑色显著。

生境与习性 适应性强，分布范围广。巢穴简单。嗅觉灵敏，视、听觉较发达。多在夜间活动，白天也可见到。善奔跑。性残忍，机警多疑。以中、小型兽类为食。

河北省山区均有分布。张家口境内见于各县（区）。

保护级别 省级重点保护野生动物。

分布类型及区系 全北型，广布种。

貉 | *Nyctereutes procyonoides* 英文名 Raccoon Dog （犬科 Canidae）

别名 貉子狸、狸狗、土狗、孬头

形态描述 体长550~600mm，尾长130~160mm。体型似狐，较肥胖，粗壮。吻、耳及腿短，尾粗短蓬松，两颊横生淡色蓬松长毛。眼周及眼下部毛黑，形成明显倒“八”字形黑纹，后延伸到耳下方。蹠行性，前肢5指，第一指短，高位不着地。后肢4趾，第一趾缺失。趾端具粗短不能伸缩的爪，指（趾）腹面有发达指（趾）垫。

生境与习性 栖息生境较广。喜穴居，除产仔外，其他季节不在洞穴中，常隐蔽在离洞穴不远的地方。夜行性。性温顺，行动迟缓。善攀树、游泳，叫声低沉。在11月底入洞冬眠，翌年3月初结束。杂食性。

河北省见于山区县。张家口境内各县(区)均有分布。

保护级别 省级重点保护野生动物。

分布类型及区系 季风型，广布种。

赤狐 | Vulpes vulpes 英文名 Red Fox （犬科 Canidae）

别名 红狐、草狐、狐狸、火狐狸、野狐

形态描述 体长670~720mm，尾长360~390mm。嘴狭长，耳直立，耳背上半部黑色。背部毛色浅棕红色或淡污红色，个体变异大。耳背上部及四肢外侧均趋黑色。颈下、胸、腹以及后腿内侧污灰色至污白色，四肢有模糊的暗纹。尾部背面毛红褐色，混杂黑色，尾的腹面从尾端到根部由淡黑色至棕白色，尾梢白。四肢短小，四肢外侧黑色，尾毛蓬松，尾端白色，尾长超过体长的一半。

生境与习性 栖息生境十分广泛。多居于土穴、树洞或其他动物的废洞中。多活动在山坡上，性狡黠，多疑，动作敏捷。嗅、听觉发达。食性杂，以肉食为主。

河北省见于山区县。张家口境内各县（区）均匀分布。

保护级别 省级重点保护野生动物。

分布类型及区系 全北型，广布种。

猪獾 | Arctonyx collaris 英文名 Hog Badger （鼬科 Mustelidae）

别名 沙獾

形态描述 体长62~74cm，尾长9~22cm。鼻吻狭长而圆，鼻垫与上唇间裸露。通体黑褐色，体背两侧及臀部杂有灰白色。吻浅棕色。颊部黑褐条纹自吻端延伸到耳后。前额至顶有一短宽白纹。两颊在眼下各具一污白条纹，不达上唇边缘。耳背及耳下缘棕黑色，耳上缘白色。下颌及喉有白斑，后延伸直达颈背。颈背到臀淡褐色，四肢黑褐色，腹浅褐色。尾毛白色，较长。

生境与习性 栖息类型广泛。夜行性，性情凶猛。遇敌害时，发出似猪的凶残吼声，或挺立前半身以牙和利爪做猛烈回击。能游泳，视觉差，嗅觉灵敏。杂食性。有冬眠习性。10月下旬入眠，翌年3月出洞活动。

河北省见于山区。张家口境内见于坝下各县（区）。

保护级别 省级重点保护野生动物。

分布类型及区系 东洋型，广布种。

石貂 | *Martes foina* 英文名 Stone Marten （鼬科 Mustelidae）

别名 岩貂、扫雪

形态描述 体长为43~54cm，尾长22~30cm。身体细长。体背毛灰褐色，针毛较为稀疏。头颈部及四肢绒毛浅灰，头顶部、面颊及耳背淡褐色，针毛短。耳边缘污白，背针毛棕褐色，背脊中央褐色针毛集聚，呈暗褐色。喉胸有“V”形白斑。腹淡褐色，四肢及尾为暗褐色，趾被毛，掌、趾垫裸露。尾毛蓬松。

生境与习性 栖息于山地森林等多种生境中。多昼伏夜出，晨昏活动频繁。洞穴多筑于林缘灌丛、山谷草坡、山涧溪流等附近悬崖峭壁处。性情凶猛。善攀缘。以小型鸟、兽、鱼及两栖爬行和其他无脊推动物等为食。

河北省见于张家口与保定交界的山区。张家口境内分布于小五台山区。

保护级别 国家II级重点保护野生动物。

分布类型及区系 古北型，古北种。

狗獾 | *Meles meles* 英文名 Badger Brock （鼬科 Mustelidae）

别名 獾子、貉子

形态描述 体长49~61cm，尾长15~19cm。吻鼻较长，鼻端粗钝，具软骨质鼻垫，鼻垫与上唇之间被毛。体背浅褐杂白色，体侧色浅。背针毛粗硬；头有3条白纵纹被2条黑褐纵纹隔开。喉黑褐色。耳背及后缘黑褐色，耳上缘白或乳黄色，耳内缘乳黄色。从下颌直至尾基及四肢内侧黑褐色。尾背黑褐色，白毛尖略有增加。

生境与习性 栖息于山地森林、灌丛、荒野等地。结小群挖洞而居。视觉弱，嗅觉灵敏。善游泳。有冬眠习性。杂食性。

河北省分布于山地。张家口境内见于坝下山区。

保护级别 省级重点保护野生动物。

分布类型及区系 古北型，广布种。

黄鼬 *Mustela sibirica*

英文名 Siberian Weasel （鼬科 Mustelidae）

别名 黄鼠狼、黄狼、黄皮

形态描述 体长28~40cm，尾长12~25cm。身体细长。毛色从浅沙棕色到黄棕色，色泽较淡。背毛略深橙黄色，腹毛稍淡，四肢、尾与身体同色。鼻部及两眼周围暗褐色，上、下唇白色，喉部及颈下常有白斑。肛门腺发达。尾长约为体长之半。冬季尾毛长而蓬松，夏秋毛绒稀薄，尾毛不散开。

生境与习性 栖息生境广泛。夜行性，晨昏活动频繁。善于奔走。除繁殖期外，没有固定巢穴。通常隐藏在柴草堆下、乱石堆、墙洞等处。嗅觉十分灵敏，但视觉较差。性情凶猛，常捕杀超过其食量的猎物。遇险时，常从肛门腺分泌出油性黄色臭液。主要以鼠类、两栖类和昆虫等为食。

河北省各地均有分布。张家口境内见于各县(区)。

保护级别 省级重点保护野生动物。

分布类型及区系 古北型，广布种。

果子狸 *Paguma larvata*

英文名 Masked Palm Civet （灵猫科 Viverridae）

别名 花面狸、香狸

形态描述 体长50~78mm，尾长51~65mm。略显粗胖而笨拙。头部、颈部为深灰黑色。从鼻镜后缘经颜面中央至额顶有1条宽阔的白色面纹。眼下及眼后各有1块小白斑。自两耳基部至两肩各有一白色短纹。体背一般呈灰棕色，毛基浅灰色，毛尖棕灰色。喉部、胸部为灰白色或灰黄色。腹部白色至灰白色。四肢棕黑色，毛基为黑色而毛尖为棕黄色。足背为乌黑色。尾基为棕色，尾端呈黑色。尾长而不具缠绕性。

生境与习性 主要栖息于中、低山地带的各种林地。夜行性，尤其是清晨和黄昏活动较多。白天多利用山岗的岩洞、土穴等隐居。成对活动或营家族生活。主要在树上活动和觅食，极善攀缘。遇到危险时，往往能从树上直接跳下。主要以带酸甜味的各种浆果或核果为食，也捕食青蛙、蚯蚓、田螺、蚂蝗、蚱蜢、鸟类和鸟卵等。

河北省见于小五台及雾灵山以南山区。张家口境内见于小五台山区。

保护级别 省级重点保护野生动物。

分布类型及区系 东洋型，东洋种。

豹猫 | *Felis bengalensis* 英文名 Leopard Cat （猫科 Felidae）

别名 山狸子、山猫、野猫、麻狸子、石虎、狸猫

形态描述 体长 53~58mm，尾长 23~26mm。似家猫尾较粗。全身棕灰色，背有棕褐斑纹。肩和体侧有数行不规则黑斑，臀、腰斑点略大，四肢上部斑纹略小；两眼内侧有 2 条白纵纹伸向额顶，头至肩有 4 条向后黑纵纹，中间两条沿背脊延伸到尾基。颊两侧有黑横斑；触须白；颌下、胸、腹及四肢内侧乳白具棕黑色斑点；尾上棕黑斑和半环明显，尾尖黑色。

生境与习性 栖于山区密林或林缘、疏林地带。多单独在夜间和黄昏活动和栖居。行动机警，跳跃能力强，善爬树。主要捕食鼠类、啮齿类及鸟类等。

河北省各地山区均匀分布。张家口境内见于各县（区）。

保护级别 省级重点保护野生动物。

分布类型及区系 东洋型，广布种。

豹 | *Panthera pardus* 英文名 Leopard （猫科 Felidae）

别名 金钱豹、银钱豹、土豹子、文豹

形态描述 体长 90~102mm，尾长 65~70mm。体躯细长，四肢粗短。头圆，耳短圆。夏毛棕黄色，冬毛黄色。头部黑斑小而密，耳背黑，耳尖黄色。背部及体侧布有较大的近圆形黑斑，有些黑斑中突成环，形似古钱币。颈下、胸、腹及四肢内侧白，黑斑较稀疏，四肢外侧棕黄色，下部具黑褐色点斑。尾长，超过体长之半，尾上有大小不一的黑斑，尾尖黑色，爪白色。

生境与习性 主要栖息于山地森林中。有固定隐蔽的巢穴，多在树上、草丛或岩石洞中筑巢。单独活动，为昼伏夜出性动物，晨昏活动频繁。性机警凶猛，行动敏捷、善爬树。主要捕食狍等大、中型偶蹄类动物，也捕食小型兽类。

河北省内分布于冀北、冀西山地。张家口境内分布坝下山区。

保护级别 国家Ⅰ级重点保护野生动物。

分布类型及区系 不易归类型，广布种。

在张家口地区有分布未能拍摄到生态照片的物种

双斑锦蛇 | *Elaphe bimaculat* 英文名 Twin-spotted Rat-snake （游蛇科 Colubridae）

形态描述 头体长450~840mm，尾长150~160mm。身体背面灰褐色。头背具倒“V”形黑斑，在颈背形成两条略平行的镶黑边的带状斑。眼后有一黑带达到口角。身体背面中央两侧有黑褐色圆斑纹，多连接成哑铃状，有些圆斑不相连。体侧面的斑纹与背部的斑纹交错排列。尾背两侧具暗褐色纵纹。腹面褐色，散布有不规则的半圆形或三角形的黑斑点。幼体色斑更显著。

生境与习性 栖息于平原及丘陵，常活动于路边、草丛、乱石堆等环境中，以鼠类及蜥蜴等为食。

河北省内多见于南大港、保定、衡水、邢台、邯郸以及张承丘陵地区。张家口境内见于各县（区）。

保护级别 三有动物。

分布类型及区系 南中国型东洋种。

北棕腹杜鹃 | *Cuculus hyperythrus* 英文名 Northen Hawk Cuckoo （杜鹃科 Cuculidae）

别名 布谷鸟

形态描述 体长250~310mm。喙黑色基部灰黄色；虹膜橘红（幼鸟浅褐）色，跗蹠黄色。头、颈黑灰色，上体和两翼石板灰色，密布栗横斑；后颈有白横斑。尾羽暗灰色，有5条黑褐色横斑；颏灰色，喉和前颈近白色；胸、腹棕色，下体和尾下覆羽白色。

生境与习性 栖息于针阔混交林和针叶林中，单独或成对活动，鸣声起时弱，后渐加快加强，高峰处骤停，暂停后再重新开始。主食昆虫和其幼虫。

夏候鸟。分布于河北省内各地。张家口境内见于山地森林。

保护级别 省级重点保护野生动物。

分布类型及区系 东洋型，古北种。

白眉地鸫 | *Zoothera sibirica* 英文名 Sinerian Ground Thrush （鸫科 Turdidae）

别名 西伯利亚地鸫

形态描述 体长200~235mm。喙黑色，虹膜褐色，趾橙黄色。雄鸟：眉纹白色；下腹白色，余部蓝黑色。雌鸟：眉纹皮黄色，上体橄榄褐色；喉黄白色；下体余部土黄色，具褐色横斑。

生境与习性 栖息于针阔混交林的沟谷处。营碗状巢穴于灌木的枝杈间。每窝产卵4~5枚，卵污白或浅蓝具棕褐色斑点，大小为30mm×20mm。以昆虫为食。

旅鸟或夏候鸟。河北省内各山区均有分布。张家口境内见于各山区县。坝上山地为夏候鸟。

保护级别 三有动物。

分布类型及区系 东北型，古北种。

细纹苇莺 | *Acrocephalus sorghophilus* 英文名 Streaked Reed Warbler （莺科 Sylviidae）

形态描述 体长120~134mm。上喙黑褐色，下喙和上喙边缘肉黄色；虹膜褐色，趾铅绿色。上体赭棕褐色，头顶、肩、背具细褐纵纹；眉纹皮黄色，眉纹上缘有黑褐头侧纹；贯眼纹黑褐色；下体淡皮黄色，喉色较淡；胸、两胁和尾下覆羽沾黄褐色。

生境与习性 栖息于平原河谷的灌丛、近水域的苇丛和水田边草丛。主要以昆虫为食。

夏候鸟。河北省内除坝上地区均有分布。张家口境内见于坝下各县（区）。

保护级别 三有动物。

分布类型及区系 华北型，属古北种。

芦莺 | *Acrocephalus scirpaceus* 英文名 Thick-billed Reed Warbler （莺科 Sylviidae）

形态描述 体长161~195mm。上喙黑褐色，边缘较淡，下喙浅褐色；趾暗褐色。上体棕褐色，腰及尾上覆羽较淡；眉纹棕白色，眼先和眼圈淡棕近白色；耳羽具白羽纹。下体浅棕白色。

生境与习性 栖息于近水灌丛中，在草丛中也能见到。营巢于树丛中或苇丛中，巢用苇草或枯枝筑成深杯状，较疏松。每窝产卵1~6枚，通常5枚，卵大小为(18~24)mm×(16~17)mm。以昆虫及无脊椎动物为食。

旅鸟。迁徙季节见于河北省内各地。张家口境内迁徙季节见于坝下洋河、桑干河及大型水库附近。

分布类型及区系 东北型，古北种。

粉红腹岭雀 | *Leucosticte arctoa* 英文名 White-winged Mountain Finch （燕雀科 Fringillidae）

别名 岭雀、北岭雀、白翅岭雀

形态描述 体长160~170mm。喙乳白色，喙端黑色。雄鸟：头顶、眼先、颊和喉黑褐色；枕至后颈黄褐色；背部黄褐色，具黑纵纹；胸和腹玫瑰红色，杂以黑斑。雌鸟：枕至后颈为锈褐色，下体仅两侧有玫瑰色。

生境与习性 栖息于山区灌丛、草地石砾裸露处。以杂草种子和昆虫为食。

冬候鸟。河北省内山区均有分布。张家口境内见于坝下山地。

分布类型及区系 高地型，古北种。

喜马拉雅水麝鼩 | *Chimarrogale himalayica* （鼩鼱科 Soricidae）

别名 水老鼠、水耗子、水麝鼩

形态描述 体长75~130mm。体形似鼠但吻部较尖出，毛被柔软致密。眼甚小。耳壳隐于毛被中，耳屏发达。足及趾两侧具毛栉，适于游泳。体背棕褐色，毛基蓝灰色，毛尖棕褐色，次端部灰白色。腹毛毛基深灰色，毛尖灰白色略染黄棕色。背毛与腹毛在体侧无明显分界线。尾上褐色，尾下基部2/3左右污白色，其余部分与尾上同色。四足背面淡棕褐色，毛栉白色。

生境与习性 典型的水陆两栖兽类，栖息于山间溪流及其附近地区。善潜水和游泳，可在水底潜行数分钟后才露出水面呼吸。也常在溪边草地、灌丛、沙滩、小树林间活动。若遇惊险迅速钻入水中，有时也从水中钻出，迅速隐于水边灌丛中一动不动。行动敏捷，很难捕捉。肉食性，捕食小鱼、小虾、蟹、蝌蚪、蛙及水生昆虫。

分布于冀北、冀西山地。张家口境内见于坝下山区。

保护级别 省级重点保护野生动物。

分布类型及区系 南中国型，东洋种。

小麝鼩 | *Crocidura suaveolens* 英文名 Lesser White-toothed Shrew （鼩鼱科 Soricidae）

别名 北小麝鼩、小白齿鼩

形态描述 体长50~60mm，尾长30~38mm。与小家鼠相似。体背棕色显著。吻鼻部尖长，呈象鼻状，适于挖掘土壤，吻侧有长须。尾较短，约为体长之半，明显长有稀疏白长毛。背毛灰棕色，腹面灰白杂棕色，毛基灰色，毛尖白，稍染棕色。尾上与背部毛色相同，尾下稍浅，尾有稀疏白长毛。四足背面毛白色，混杂褐色，个体差异较大。四肢与体色明显不同。

生境与习性 分布广泛。栖息于平原、丘陵和山地，多见于农田、菜地、灌草丛、林缘及湖边等处。种群数量较小。性贪食。主要以土壤昆虫为食，也吃一些植物的花、果实和种子等。

河北省各地均有分布。张家口境内见于各县（区）。

保护级别 省级重点保护野生动物。

分布类型及区系 古北型，古北种。

山蝠 | *Nyctaius noctula* 英文名 Noctule Great Bat （蝙蝠科 Vspertilionidae）

别名 夜蝠、中华山蝠、绒山蝠

形态描述 体长65~77mm。耳三角形，短钝而厚，耳壳后缘延伸至颌角之后，耳外缘微凸，内缘直形。前臂长50~52mm。侧膜腹面被毛达膝肘关节联线间位置。吻鼻部裸露无毛。眼与鼻孔间有显著的疱状隆起。鼻孔朝向前外方，两鼻孔形成中间凹陷。翼膜止于短壮的后肢。胫长为后足长2倍。距长18~22mm，距缘膜较发达。尾最末端伸出股间膜。体毛短密具光泽。背毛棕黑。腹面毛色较浅，微显。侧膜和股间膜被毛黄褐色。

生境与习性 栖息于树洞或房屋缝隙中。晨昏飞出捕食。活动于森林附近，以小甲虫等各种昆虫为食。飞行能力强，可飞升很高。冬眠时常成大群，从秋末直至第二年晚春。10月交配，春季受孕，孕期50~60天，5~6月产仔。每年1胎，每胎1~2仔。

河北省各地均有分布。张家口境内各县（区）均可见。

分布类型及区系 古北型、古北种。

萨氏伏翼 | *Pipistrellus savii* 英文名 Savi's Pipistrelle （蝙蝠科 Vspertilionidae）

别名 山油蝠、檐蝙蝠

形态描述 体长40~50mm。前臂长35mm左右。体暗棕褐色。尾端略伸出股间膜。吻略突出。耳宽大，耳壳钝圆。耳屏细长，先端略尖。翼膜细短，止自跗基部。体毛柔软细蜜。背毛暗棕褐色，毛基黑色，约占毛长的4/5，毛尖浅褐色。腹毛色浅，毛基黑色，毛尖深棕色。股间膜尾基两侧背腹面均具毛，背面毛较长而腹毛稀几成白色。

生境与习性 栖息于山区岩洞、树洞之中。白天休息，晨昏活动在林间，边飞边捕食空中小昆虫。冬眠时常集成小群。

河北省分布于太行山和燕山山区。张家口境内见于坝下山区。

分布类型及区系 古北型、古北种。

普通蝙蝠 | *Vespertilio murinus* 英文名 Frosted Bat （蝙蝠科 Vspertilionidae）

别名 蝙蝠、双色蝠、霜蝠

形态描述 体长45~55mm。前臂长不超过46mm。体褐黑色，毛尖淡褐色。跗蹠长不及胫骨长的1/2。尾端2～3mm伸出股间膜。耳壳短圆，左右内缘在额部几相连接，耳壳较大蝙蝠小。耳屏较细长，前端钝圆。拇指短。翼膜较狭长。体毛长而浓密，最长可达10mm。背毛暗黑褐色，毛基黑褐色，毛尖褐色。颈部两侧略显灰白色。耳背内缘毛基白色。腹面灰白色，毛基黑褐色，毛尖污白色，两侧色浅。爪基黑褐色，爪尖灰白色。

生境与习性 栖息树洞、岩洞、岩石缝隙、屋顶和古建筑物等中间，从草原到森林，栖息环境和活动场所多种多样。白天休息，晨昏外出捕食。冬眠时单只悬挂于岩洞顶或倒伏于岩壁上，多分布岩洞深处，岩洞内温度为7℃，体表温度接近气温。夏季产仔，每胎产2仔。

河北省分布于太行山地区。张家口境内见于蔚县、涿鹿、怀来及赤城县南部山区。

分布类型及区系 古北型、古北种。

短尾仓鼠 | *Cricetulus eversmanni* （仓鼠科 Cricetidae）

别名 大肚脐、艾氏仓鼠、短耳仓鼠

形态描述 体长 80~130mm。背面从吻端至尾基部浅棕灰色，毛基暗灰色，毛尖淡棕色。腹毛自颏下到尾基部全为污白色，胸部偶有不规则的浅灰色斑点。尾短而基部粗，两色，背面灰白，并杂有浅棕色，尾下毛色污白，尾端具少量黑毛。吻短而钝；耳突出毛外，被以短毛，内侧裸露或有稀毛，耳轮具浅色边缘。腹部有一脐形的皮肤裸区，故俗称大肚脐。

生境与习性 多栖息于荒漠草原和干草原的各种生境。营夜间生活，大都自黄昏开始直到拂晓为止。活动范围较大，半径可达 200m 左右。性较凶猛，常常袭击和侵占其他动物的洞穴。洞穴结构较为简单，仅具巢室和仓库。以植物性食物为主，也吃小型动物。

河北省内分布于坝上草原。张家口境内见于坝上 4 个县。

分布类型及区系 中亚型，古北种。

白鼬 | *Mustela erminea* 英文名 Moutain Weasel （鼬科 Mustelidae）

别名 扫雪鼬、扫雪

形态描述 体长 17~32cm，尾长 4~15cm。体细长，尾短，约为体长的 1/3。夏毛：身体背面和腹面颜色不同，背面自吻端向后经颊部、颈侧、体侧至四肢腕部及尾的背面灰棕色，足背为灰白色；腹面由下唇、颌部、喉部至腹部及四肢内侧白色；尾下基部 2/3 同于腹；近末端 1/3 段全黑。冬毛：全身均纯白，仅尾端黑。

生境与习性 栖息于山地森林等地带。夜行性，单独活动，有固定的猎游区。动作敏捷，视、听觉锐敏。善于攀爬和跳跃，会游泳。多在岩石裂缝、树根或倒木下、乱石堆、草垛、树洞以及占据鼠洞为巢。主要以鼠、鸟、两栖爬行动物、鱼和昆虫等为食。

河北省分布于张家口南部山区。张家口境内见于小五台山区。

保护级别 省级重点保护野生动物。

分布类型及区系 全北型，古北种。

艾鼬 | *Mustela eversmanni* 英文名 Steppe Polecat （鼬科 Mustelidae）

别名 地狗、两头乌、黑趾鼬、艾虎

形态描述 体长 31~56cm，尾长 11~15cm。身体细长。体背棕黄色，自肩部沿背脊向后至尾基棕红色，后背黑尖毛较多，臀稍暗。体侧淡棕色。鼻周和下颌污白。鼻中部、眼周及眼间棕黑色。眼上前方具卵圆形白斑。头顶棕黄色。颊、耳基灰白色，耳背及外缘白色。颏棕褐色。喉、胸、鼠鼷淡黑褐色。

生境与习性 栖于山地阔叶林、草地、灌丛及村庄附近。通常单独活动。夜行性，有时白天或晨昏活动。性情凶猛，行动敏捷。善游泳和攀缘。主要以鼠类等啮齿动物为食，也吃一些植物浆果、坚果等。

河北省见于冀北冀西山地。张家口境内各县（区）均有分布。

保护级别 省级重点保护野生动物。

分布类型及区系 古北型，古北种。

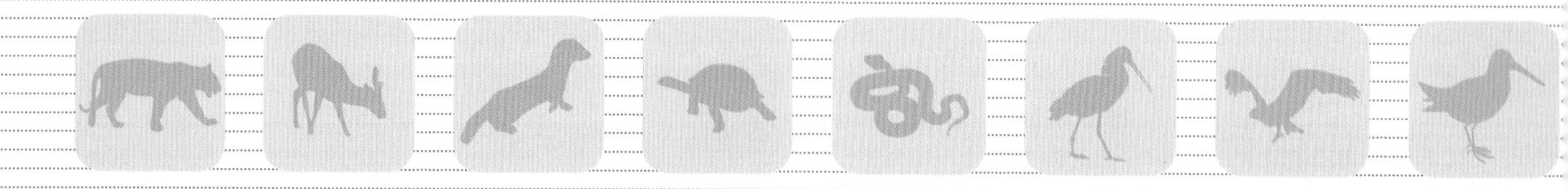

参考文献 REFERENCE

蔡其侃．1987. 北京鸟类志．北京：北京出版社

常家传．1997. 中国鸟类名称手册．北京：中国林业出版社

费梁．1999. 中国两栖动物图鉴．郑州：河南科学技术出版社

黄几文等．1995. 中国啮齿类．上海：复旦大学出版社

季达明．2002. 中国爬行动物图鉴．郑州：河南科学技术出版社

李春秋．1996. 雾灵山小五台山自然保护区陆生脊椎动物研究．北京：中国科学技术出版社

李东明，吴跃峰，孙立汉等．2003. 河北区域鸟兽物种多样性分析 [J]. 地理与地理信息科学，19(6): 80 ~ 82

刘明玉等．2000. 中国脊椎动物大全．沈阳：辽宁大学出版社

马福等．2009. 中国重点陆生野生动物资源调查．北京：中国林业出版社

马逸清等．1986. 黑龙江省兽类志．哈尔滨：黑龙江科学技术出版社

钱燕文．1995. 中国鸟类图谱．郑州：河南科学技术出版社

盛和林等．1999. 中国野生哺乳动物．北京：中国林业出版社

谭邦杰．1992. 哺乳动物分类名录．北京：中国医药科技出版社

汪松．1998. 中国濒危动物红皮书·兽类．北京：科学出版社

王香亭．1991. 甘肃脊椎动物志．兰州：甘肃科学技术出版社

吴跃峰，武明录等．2009. 河北动物志·两栖爬行哺乳动物类．石家庄：河北科学技术出版社

肖增祜等．1988. 辽宁动物志·兽类．沈阳：辽宁科学技术出版社

杨岚等．1994. 云南鸟类志．昆明：云南科学技术出版社

约翰·马敬能等．2000. 中国鸟类野外手册．长沙：湖南教育出版社

张荣祖．1999. 中国动物地理．北京：科学出版社

赵尔宓．1998. 中国濒危动物红皮书·两栖类和爬行类．北京：科学出版社

赵正阶．1999. 中国东北地区珍稀濒危动物志．北京：中国林业出版社

郑光美．2005. 中国鸟类分类与分布名录．北京：科学出版社

中文名称索引

A

艾鼬 / 233
暗绿柳莺 / 183
暗绿绣眼鸟 / 191

B

白背矶鸫 / 163
白背啄木鸟 / 129
白翅浮鸥 / 108
白翅交嘴雀 / 198
白顶䳭 / 164
白额雁 / 27
白额燕鸥 / 110
白腹鸫 / 171
白腹短翅鸲 / 160
白腹蓝姬鹟 / 156
白腹鹞 / 56
白骨顶 / 70
白鹤 / 68
白喉针尾雨燕 / 125
白鹡鸰 / 139
白肩雕 / 51
白颈鸦 / 152
白鹭 / 21
白眉地鸫 / 229
白眉鸫 / 170
白眉姬鹟 / 157
白眉鹀 / 203
白眉鸭 / 40
白琵鹭 / 26
白条锦蛇 / 6
白头鹎 / 142
白头鹀 / 202
白头鹞 / 54
白尾鹞 / 54
白腰草鹬 / 95
白腰杓鹬 / 92
白腰雨燕 / 124
白腰朱顶雀 / 194
白鼬 / 233
白枕鹤 / 69
斑翅山鹑 / 64
斑鸫 / 170
斑羚 / 222
斑头秋沙鸭 / 44
斑头雁 / 30
斑尾塍鹬 / 90
斑胸滨鹬 / 84
斑胸短翅莺 / 175
斑嘴鸭 / 39
宝兴歌鸫 / 169
豹 / 228
豹猫 / 228
北红尾鸲 / 166
北蝗莺 / 177
北灰鹟 / 158
北极鸥 / 103
北椋鸟 / 147
北鹨 / 137
北朱雀 / 194
北棕腹杜鹃 / 229
布氏鹨 / 136

C

苍鹭 / 15
苍眉蝗莺 / 178
苍鹰 / 47
草鹭 / 16
草兔 / 212
草鸮 / 118
草原雕 / 51
草原鼢鼠 / 218
草原沙蜥 / 4
长耳鸮 / 119
长尾仓鼠 / 216
长尾雀 / 199
长趾滨鹬 / 85
长嘴剑鸻 / 76
巢鼠 / 220
池鹭 / 17
赤峰锦蛇 / 8
赤腹鹰 / 48
赤狐 / 225
赤颈鸫 / 171
赤颈䴙䴘 / 13
赤颈鸭 / 37
赤链蛇 / 7
赤麻鸭 / 34
赤膀鸭 / 40

D

达乌尔黄鼠 / 212
达乌尔猬 / 209
达乌里寒鸦 / 150
大鵟 / 53
大白鹭 / 20
大斑啄木鸟 / 128
大鸨 / 65
大滨鹬 / 86
大仓鼠 / 216
大杜鹃 / 117
大耳蝠 / 211
大麻鳽 / 18
大沙锥 / 87
大山雀 / 185
大杓鹬 / 93
大天鹅 / 31
大嘴乌鸦 / 151
戴菊 / 183
戴胜 / 127
淡脚柳莺 / 182
稻田苇莺 / 174
雕鸮 / 120
东北刺猬 / 209
东北鼢鼠 / 218
东方白鹳 / 24
东方蝙蝠 / 211
东方大苇莺 / 175
东方鸻 / 77
董鸡 / 70
豆雁 / 29
渡鸦 / 149
短耳鸮 / 119
短尾仓鼠 / 233
短趾沙百灵 / 131

E

鹗 / 46

F

反嘴鹬 / 100
粉红腹岭雀 / 230
凤头百灵 / 132
凤头蜂鹰 / 46
凤头麦鸡 / 81
凤头䴙䴘 / 12
凤头潜鸭 / 43
复齿鼯鼠 / 214

G

狗獾 / 226
孤沙锥 / 87
冠鱼狗 / 126
果子狸 / 227

H

海鸥 / 103
寒鸦 / 152
褐河乌 / 148
褐家鼠 / 221
褐柳莺 / 180
褐马鸡 / 62
褐头山雀 / 186
褐头鹀 / 199
鹤鹬 / 96
黑斑侧褶蛙 / 2
黑翅长脚鹬 / 99
黑浮鸥 / 108
黑腹滨鹬 / 83
黑鹳 / 25
黑喉石䳭 / 168
黑颈䴙䴘 / 13
黑卷尾 / 189
黑眉锦蛇 / 9
黑眉苇莺 / 174
黑水鸡 / 71
黑头䴓 / 188
黑头蜡嘴雀 / 195
黑尾塍鹬 / 91
黑尾蜡嘴雀 / 196
黑线仓鼠 / 215
黑线姬鼠 / 219
黑鸢 / 47
黑枕黄鹂 / 147
黑枕燕鸥 / 110
红翅旋壁雀 / 188
红点锦蛇 / 9
红腹滨鹬 / 83
红腹红尾鸲 / 167
红腹灰雀 / 198
红喉歌鸲 / 161
红喉姬鹟 / 157
红喉鹨 / 136
红交嘴雀 / 197
红角鸮 / 122
红脚隼 / 57
红脚鹬 / 98
红颈滨鹬 / 82
红颈苇鹀 / 208
红隼 / 60
红头潜鸭 / 42
红尾伯劳 / 144
红尾歌鸲 / 162
红尾水鸲 / 167
红胁蓝尾鸲 / 168
红胁绣眼鸟 / 191
红嘴巨鸥 / 109
红嘴蓝鹊 / 155
红嘴鸥 / 106
红嘴山鸦 / 155
鸿雁 / 28
胡兀鹫 / 56
虎斑地鸫 / 172
虎斑颈槽蛇 / 10
虎纹伯劳 / 146
花背蟾蜍 / 1
花脸鸭 / 37
花鼠 / 213
花头鸺鹠 / 121
环颈鸻 / 72
环颈雉 / 64
黄斑苇鳽 / 23
黄腹山雀 / 187
黄喉鹀 / 201
黄鹡鸰 / 140
黄脊游蛇 / 7
黄眉柳莺 / 180
黄眉鹀 / 204
黄雀 / 193
黄头鹡鸰 / 140
黄纹石龙子 / 5
黄胸鹀 / 204
黄羊 / 223
黄腰柳莺 / 181
黄鼬 / 227
黄爪隼 / 57
黄嘴白鹭 / 19
灰斑鸠 / 114
灰背鸫 / 169
灰背鸥 / 106
灰背隼 / 58
灰伯劳 / 145
灰鹤 / 67
灰鸻 / 79
灰鹡鸰 / 139
灰脸鵟鹰 / 52
灰椋鸟 / 146
灰林鸮 / 123
灰眉岩鹀 / 205
灰山椒鸟 / 141
灰头绿啄木鸟 / 130
灰头麦鸡 / 80
灰头鹀 / 207
灰尾漂鹬 / 89
灰纹鹟 / 158
灰喜鹊 / 153
灰雁 / 27
火斑鸠 / 112

J

矶鹬 / 97
姬鹬 / 92
极北柳莺 / 179
极北朱顶雀 / 192
家燕 / 134
尖尾滨鹬 / 82
剑鸻 / 74
鹪鹩 / 148
角百灵 / 131
角䴙䴘 / 12
金斑鸻 / 78
金翅雀 / 193
金雕 / 50
金眶鸻 / 73
金腰燕 / 133
巨嘴柳莺 / 182
卷羽鹈鹕 / 14

K

阔嘴鹬 / 89

L

蓝翡翠 / 126
蓝歌鸲 / 160
蓝喉歌鸲 / 162
蓝矶鸫 / 163
蓝尾石龙子 / 4
狼 / 224
丽斑麻蜥 / 5
栗斑腹鹀 / 206
栗耳鹀 / 202
栗苇鳽 / 22
栗鹀 / 203
蛎鹬 / 72
猎隼 / 58
林鹬 / 96
鳞头树莺 / 176
领角鸮 / 122
流苏鹬 / 94
芦鹀 / 200
芦莺 / 230
罗纹鸭 / 36
绿翅鸭 / 36
绿鹭 / 18
绿头鸭 / 38

M

麻雀 / 190
马铁菊头蝠 / 210
毛脚鵟 / 53
毛脚燕 / 133
毛腿沙鸡 / 116
矛斑蝗莺 / 178
矛隼 / 59
煤山雀 / 185
蒙古百灵 / 132
蒙古沙鸻 / 76
冕柳莺 / 179
莫氏田鼠 / 217
貉 / 224

N

牛头伯劳 / 144

O

鸥嘴噪鸥 / 109

P

攀雀 / 189
狍 / 222
琵嘴鸭 / 35
普通䴓 / 187
普通鵟 / 52
普通蝙蝠 / 232
普通翠鸟 / 125
普通伏翼 / 210
普通鸬鹚 / 14
普通秋沙鸭 / 44
普通燕鸻 / 101
普通燕鸥 / 111
普通秧鸡 / 71
普通夜鹰 / 123
普通朱雀 / 195

Q

翘鼻麻鸭 / 33
翘嘴鹬 / 99
青脚滨鹬 / 85
青脚鹬 / 97
青头潜鸭 / 41
丘鹬 / 95
鸲姬鹟 / 156
雀鹰 / 48
鹊鸭 / 43
鹊鹞 / 55

R

日本鹌鹑 / 62
日本歌鸲 / 161
日本树莺 / 176

S

萨氏伏翼 / 232
三宝鸟 / 127
三道眉草鹀 / 205
三趾滨鹬 / 88
三趾鸥 / 107
沙即鸣 / 165
山斑鸠 / 115
山地麻蜥 / 6
山蝠 / 232
山鹡鸰 / 141
山麻雀 / 190
山鹛 / 173
山噪鹛 / 172
勺鸡 / 63
勺嘴鹬 / 88
石貂 / 226
石鸡 / 61
寿带 / 159
树鹨 / 137
双斑锦蛇 / 229
水鹨 / 138
四声杜鹃 / 117
松雀鹰 / 49
松鸦 / 153
穗即鸣 / 165
蓑羽鹤 / 66

T

太平鸟 / 143
田鹨 / 138
田鹀 / 207
铁嘴沙鸻 / 75
秃鼻乌鸦 / 151
秃鹫 / 49

W

弯嘴滨鹬 / 84
苇鹀 / 206
文须雀 / 173
乌雕 / 50
乌鹟 / 159
无蹼壁虎 / 3
五趾跳鼠 / 221

X

锡嘴雀 / 196
喜马拉雅水麝鼩 / 231
喜鹊 / 154
细纹苇莺 / 230
小白额雁 / 29
小杜鹃 / 118
小蝗莺 / 177
小家鼠 / 220
小鸥 / 104
小䴙䴘 / 11
小杓鹬 / 93
小麝鼩 / 231
小太平鸟 / 143
小天鹅 / 30
小鹀 / 200
小嘴乌鸦 / 149
楔尾伯劳 / 145
星头啄木鸟 / 128
星鸦 / 154
须浮鸥 / 107
旋木雀 / 192

Y

崖沙燕 / 135
岩鸽 / 112
岩松鼠 / 213
岩燕 / 135
燕雀 / 197
燕隼 / 60
野猪 / 223
夜鹭 / 23
遗鸥 / 105
蚁䴕 / 129
银喉长尾山雀 / 184
银鸥 / 102
隐纹花松鼠 / 214
鹰鹃 / 121
疣鼻天鹅 / 32
游隼 / 59
雨燕 / 124
鸳鸯 / 41
原鸽 / 111
云雀 / 130

Z

泽鹬 / 98
沼泽山雀 / 186
针尾沙锥 / 86
针尾鸭 / 35
中白鹭 / 21
中国林蛙 / 2
中华鳖 / 3
中华蟾蜍 / 1
中华鼢鼠 / 219
中华秋沙鸭 / 45
中介蝮 / 10
中杓鹬 / 94
珠颈斑鸠 / 113
猪獾 / 225
紫背苇鳽 / 22
紫啸鸫 / 164
棕背䶄 / 215
棕色田鼠 / 217
纵纹腹小鸮 / 120

拉丁学名索引

A

Acanthis hornemanni 192
Accipiter gentilis 47
Accipiter nisus 48
Accipiter soloensis 48
Accipiter virgatus 49
Acrocephalus agricola 174
Acrocephalus bistrigiceps 174
Acrocephalus orientalis 175
Acrocephalus scirpaceus 230
Acrocephalus sorghophilus 230
Aegithalos caudatus 184
Aegypius monachus 49
Aix galericulata 41
Alauda arvensis 130
Alcedo atthis 125
Alectoris chukar 61
Allactaga sibirica 221
Anas acuta 35
Anas clypeata 35
Anas crecca 36
Anas falcate 36
Anas formosa 37
Anas penelope 37
Anas platyrhynchos 38
Anas poecilorhyncha 39
Anas querquedlula 40
Anas strepera 40
Anser albifrons 27
Anser anser 27
Anser cygnoides 28
Anser erythropus 29
Anser fabalis 29
Anser indicus 30
Anthropides vigor 66
Anthus cervinus 136
Anthus godlenwskii 136
Anthus gustavi 137
Anthus hodgsoni 137
Anthus richardi 138
Anthus spinoletta 138
Apodemus agrarius 219
Apus apus 124
Apus pacificus 124
Aquila chrysaetos 50
Aquila clanga 50
Aquila heliaca 51
Aquila nipalensis 51
Arctonyx collaris 225
Ardea alba 20
Ardea cinerea 15
Ardea purpurea 16
Ardeola bacehus 17
Asio flammeus 119
Asio otus 119
Athene noctua 120
Aythya baeri 41
Aythya ferina 42
Aythya fuligula 43

B

Bombycilla garrulous 143
Bombycilla japonica 143
Botaurus stellaris 18
Bradypterus thoracicus 175
Bubo bubo 120
Buephala clangula 43
Bufo gargarizans 1
Bufo raddei 1
Butastur indicus 52
Buteo buteo 52
Buteo hemilasius 53
Duteo lagopus 53
Butorides striatus 18

C

Calandrella cinerea 131
Calidris acuminata 82
Calidris alba 88
Calidris alpine 83
Calidris canutus 83
Calidris ferruginea 84
Calidris melanotos 84
Calidris ruficollis 82
Calidris subminuta 85
Calidris temminckii 85
Calidris tenuirostris 86

Canis lupus 224
Capreolus capreolus 222
Caprimulgus indicus 123
Carduelis flammea 194
Carduelis sinica 193
Carduelis spinus 193
Carpodacus erythrinus 195
Carpodacus roseus 194
Certhia familiaris 192
Cettia diphone 176
Cettia squameiceps 176
Charadrius alexandrines 72
Charadrius dubius 73
Charadrius hiaticula 74
Charadrius leschenaultii 75
Charadrius monogolus 76
Charadrius placidus 76
Charadrius veredus 77
Chimarrogale himalayica 231
Chlidonias hybrid 107
Chlidonias leucoptera 108
Chlidonias niger 108
Ciconia boyciana 24
Ciconia nigra 25
Cinclus pallasii 148
Circus aeruginosus 54
Circus cyaneus 54
Circus melanoeucos 55
Circus spilonotus 56
Cissa erythrorhyncla 155
Citellus dauricus 212
Clethrionomys rufocanus 215
Coccothraustes coccothraustes 196
Coluber spinalis 7
Columba livia 111
Columba rupestris 112
Corvus corax 149
Corvus corone 149
Corvus dauurica 150
Corvus frugilegus 151
Corvus macrorhynchos 151
Corvus monedula 152
Corvus torquatus 152
Coturnix japonica 62
Cricetulus barabensis 215
Cricetulus eversmanni 233
Cricetulus longicaudatus 216
Cricetulus triton 216
Crocidura suaveolens 231
Crossptilon mantchuricum 62
Cuculus canorus 117
Cuculus hyperythrus 229
Cuculus micropterus 117
Cuculus poliocephalus 118
Cyanopica cyana 153
Cyanoptila cyanomelana 156
Cygnus columbianus 30
Cygnus cygnus 31
Cygnus olor 32

D

Delichon urbica 133
Dendronanthus indicus 141
Dicrurus macrocercus 189
Dinodon rufozonatum 7

E

Egretta eulaphotes 19
Egretta garzetta 21
Egretta intermedia 21
Elaphe anomala 8
Elaphe bimaculat 229
Elaphe dione 6
Elaphe rufodorsata 9
Elaphe taeniura 9
Emberiya lruniceps 199
Emberiza aureola 204
Emberiza chrysophrys 204
Emberiza cioides 205
Emberiza elegans 201
Emberiza fucata 202
Emberiza godlewskii 205
Emberiza jankowskii 206
Emberiza leucocephalos 202
Emberiza pallasi 206
Emberiza pusilla 200
Emberiza rustica 207
Emberiza rutile 203
Emberiza schoeniclus 200
Emberiza spodocephala 207
Emberiza tristrami 203
Emberiza yessoensis 208
Eophona migretoria 196
Eophona personata 195
Eremias argus 5
Eremias brenchleyi 6
Eremophila alpestris 131
Erinaceus amurensis 209
Eumeces capito 5
Eumeces elegans 4

Eurynorhynchus pygmeus 88
Eurystomus orientalis 127
Eutamias sibiricus 213

F

Faclo amurensis 57
Faclo tinnunculus 60
Falco cherrug 58
Falco columbarius 58
Falco naumanni 57
Falco peregrinus 59
Falco rusticolus 59
Falco subbuteo 60
Felis bengalensis 228
Ficedula mugimaki 156
Ficedula parva 157
Ficedula zanthopygia 157
Fringilla montifingilla 197
Fulica atra 70

G

Galarida cristata 132
Gallicrex cinerea 70
Gallinago megala 87
Gallinago solitaria 87
Gallinago stenura 86
Gallinula chloropus 71
Garrulax davidi 172
Garrulus glandarius 153
Gekko swinhonis 3
Gelochelidon nilotica 109
Glareola maldivarum 101
Glaucidium passerinum 121
Gloydius intermedius 10
Grus grus 67
Grus leucogeranus 68
Grus vipio 69
Gypaetus barbatus 56

H

Haematopus ostralegus 72
Halcyon pileata 126
Hemiechinus dauricus 209
Heteroscelus brevipes 89
Himantopus himantopus 99
Hirundapus caudacutus 125
Hirundo daurica 133
Hodgsonius phoenivuroides 160
Hriundo rustica 134
Hydroprogne caspia 109

I

Ixobrychus cinnamomeus 22
Ixobrychus eurhythmus 22
Ixobrychus sinensis 23

J

Jynx torquilla 129

L

Lanius bucephalus 144
Lanius cristatus 144
Lanius excubitor 145
Lanius sphenocercus 145
Lanius tigrinus 146
Larus argentatus 102
Larus canus 103
Larus hyperboreus 103
Larus minutus 104
Larus relictus 105
Larus ridibundus 106
Larus schistisagus 106
Lepus capensis 212
Leucosticte arctoa 230
Limicola falcinellus 89
Limosa lapponica 90
Limosa limosa 91
Locustella certhiola 177
Locustella fasciolata 178
Locustella lanceolata 178
Locustella ochotensis 177
Loxia curvirostra 197
Loxia leucoptera 198
Luscinia akahige 161
Luscinia calliope 161
Luscinia cyane 160
Luscinia sibilans 162
Luscinia svecica 162
Lymnocryptes minimus 92

M

Martes foina 226
Meles meles 226
Megaceryle lugubris 126
Melanocorypha mongolica 132

Mergus albellus 44
Mergus merganser 44
Mergus squamatus 45
Micromys minutus 220
Microtus mandarinus 217
Microtus maximomiczii 217
Milvus migrans 47
Monticola saxatilis 163
Monticola solitaria 163
Motacilla alba 139
Motacilla cinerea 139
Motacilla citreola 140
Motacilla flava 140
Mus musculus 220
Muscicapa dauurica 158
Muscicapa griseisticta 158
Muscicapa sibirica 159
Mustela erminea 233
Mustela eversmanni 233
Mustela sibirica 227
Myiophonus caeruleus 164
Myospalax aspalax 218
Myospalax fontanieri 219
Myospalax psilurus 218

N

Naemorhedus goral 222
Ninox scutulata 121
Nucifraga caryocatactes 154
Numenins minutus 93
Numenius arquata 92
Numenius madagascariensis 93
Numenius phaeopus 94
Nyctaius noctula 232
Nyctereutes procyonoides 224
Nycticorax nycticorax 23

O

Oenanthe isabellina 165
Oenanthe oenanthe 165
Oenanthe pleschanka 164
Oriolus chinensis 147
Otis tarda 65
Otus bakkamoena 122
Otus suina 122

P

Paguma larvata 227
Pandion haliaetus 46
Panthera pardus 228
Panurus biarmicus 173
Parus ater 185
Parus major 185
Parus palustris 186
Parus songarus 186
Parus venustulus 187
Passer montanus 190
Passer rutilans 190
Pelecanus crispus 14
Pelodiscus sinensi 3
Pelophylax nigromaculalus 2
Perdix dauuricae 64
Pericrocotus divaricatus 141
Pernis ptilorhynchus 46
Phalacrocorax carbo 14
Phasianus colchicus 64
Philomachus pugnax 94
Phoenicurus auroreus 166
Phoenicurus erythrogaster 167
Phrymocephalus frontalis 4
Phylloscopus borealis 179
Phylloscopus coronatus 179
Phylloscopus fuscatus 180
Phylloscopus inornatus 180
Phylloscopus proregulus 181
Phylloscopus schwarzi 182
Phylloscopus tenellipes 182
Phylloscopus trochiloides 183
Pica pica 154
Picodies leucotos 129
Picoides canicopillus 128
Picoides majar 128
Picus canus 130
Pipistrellus abramus 210
Pipistrellus savii 232
Platalea leucorodia 26
Plecotus auritus 211
Pluvialis fulva 78
Pluvialis squatarola 79
Podiceps auritus 12
Podiceps cristatus 12
Podiceps grisegena 13
Podiceps nigricollis 13
Procapra gutturosa 223
Ptyonoprogne rupestris 135
Pucrasia macrolopha 63
Pycnonotus sinensis 142
Pyrrhocorax pyrrhocorax 155
Pyrrhula pyrrhula 198

R

Rallus aquaticus 71
Rana chensinensis 2
Rattus norvegicus 221
Recurvirostra avosetta 100
Regulus regulus 183
Remiz consobrinus 189
Rhabdophis tigrinus 10
Rhinoiophus ferrumequinum 210
Rhopophilus pekinensis 173
Rhyacornis fuliginosus 167
Riparia riparia 135
Rissa tridactyla 107

S

Saxicola torquata 168
Sciurotamias davidianus 213
Scolopax rusticola 95
Sitta europaea 187
Sitta villosa 188
Sterna albifrons 110
Sterna hirundo 111
Sterna sumatrana 110
Streptopelia chinensis 113
Streptopelia decaocto 114
Streptopelia orientalis 115
Streptopelia tranquebarica 112
Strix aluco 123
Sturnus cineraceus 146
Sturnus sturninus 147
Sus scrofa 223
Syrrhaptes paradoxus 116

T

Tachybaptus ruficollis 11
Tadorna ferruginea 34
Tadorna tadorna 33
Tamiops swinhoei 214
Tarsiger cyanurus 168
Terpsiphone paradise 159
Tichodroma muraria 188
Tringa erythropus 96
Tringa glareola 96
Tringa hypoleucos 97
Tringa nebularia 97
Tringa ochropus 95
Tringa stagnatilis 98
Tringa tetanus 98
Troglodytes troglodytes 148
Trogopterus xanthipes 214
Turdus eunomus 170
Turdus hortulorun 169
Turdus mupinensis 169
Turdus obscurus 170
Turdus pallidus 171
Turdus ruficollis 171
Tyto capensis 118

U

Upupa epops 127
Uragus sibiricus 199

V

Vanellus cinereus 80
Vanellus vanellus 81
Vespertilio murinus 232
Vespertilio superans 211
Vulpes vulpes 225

X

Xenus cinereus 99

Z

Zoothera dauma 172
Zoothera sibirica 229
Zosterops erythropleura 191
Zosterops japonica 191